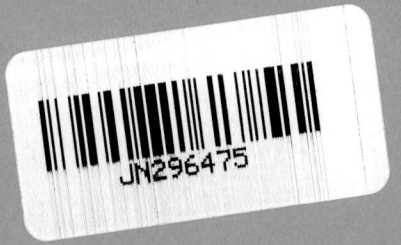

solving mathematical problems　a personal perspective

数学オリンピックチャンピオンの美しい解き方

Terence Tao　テレンス・タオ
寺嶋英志 訳

青土社

数学オリンピックチャンピオンの

美しい解き方

目次

数学オリンピックチャンピオンの
美しい解き方

数学の意味と喜びを教えてくださされた
わがよき師とよき先輩の方々に捧ぐ

初版へのまえがき

古代ギリシアの哲学者プロクロスはこう言った。

「これが、ゆえに、数学なのである。数学は、目に見えない魂の形を思い出させる。数学は自分自身の発見物に生命を吹き込む。数学は私たちの心を目ざめさせ、知性を浄化する。数学は私たちの本来の考えを明るみに出す。数学は生まれながらの私たちの忘却と無知の状態に終止符を打つ」。

しかし私が数学を好きなのはただそれが面白いからである。

ちょうど寓話や物語や逸話が、現実の生活を理解するときに若い人たちに重要であるように、数学の問題、つまりパズルは、実際の数学にとって（現実の問題を解くのと同じように）重要である。数学の問題は「消毒済み」の数学である。そこでは、上品な解答がすでに発見されており（もちろん、誰かほかの人によって）、問題は余計なものがすべてはぎとられ、興味深く、また（できれば）考えさせられる形で提示されている。数学を黄金を掘りあてることになぞらえるならば、よい数学の問題を解くことは、宝探しのゲームに似ていると言えよう。つまり、あなたはこれから見つけなければならない宝について知らされる。あなたは、それがどのような様子をしているか、それがある場所にあってそこにたどり着くのはあまり難しくなく、それがあなたの能力の範囲内で発見されようとしているということを知っている。そして都合のよいことに、あなたには、それを手に入れるための正しい道具（すなわち、データ）が与えられている。宝は抜けめない場所に隠されているかもしれないが、そこに達するには掘る作業よりも創意が要求されるというわけである。

この本で、私は、数学のさまざまなレベルと分野から選んだ問題を解こうと思う。星印のついた問題（*）は、より高等の数学かまたは巧妙な思考が要求されるので、難しさが一段うえのレベルのものであることを示す。二つ星の問題（**）も同じく難しさのレベルを表すが、さらにその程度が高いということである。問題によっては最後に練習問題が追加されているが、それらは主問題と同じような方法で解ける問題か、類似の数学的要素を含む問題である。これらの問題を解くあいだ、私は問題を解くときの「こつ」を示そうと努力するだろう。二つの主要な武器――経験と知識――を一冊の本につぎ込むのは容易ではない。それらは長い時間をかけて得られるものである。しかし比較的短い時間で習得することのできる多くの単純な秘訣がある。実行可能な攻撃計画を見つけるのを容易にするような問題の見方がいくつかある。ひとつの問題を連続的により単純な下位の問題へと変えてゆく系統的な方法がいくつかある。しかし、その一方で、その問題を解くことがすべてではない。宝探しゲームの類推にもどれば、ブルドーザーで近隣を露天掘りするのは、注意深い調査（少しの地質調査と少量の掘削）をするよりも不器用である。解法は比較的短く、理解しやすく、そしてできれば少しエレガンス（気品）があるべきだ。発見することもまた楽しみでなければならない。すばらしい簡潔な小さい幾何学問題を教科書的な座標幾何学によって方程式という飢えた怪物に変えることは、2行のベクトル解と同じ勝利を体験することにはならない。

エレガンスの一例として、ユークリッド幾何学における標準的結果を以下に示す：

三角形の3辺の垂直二等分線は1点に集まる（共点である）ことを示せ。

このさっぱりした1行は座標幾何学で攻めることが**できるだろう**。数分間（数時間？）それで試みてみて、それからこれの解法を見ることにしよう。

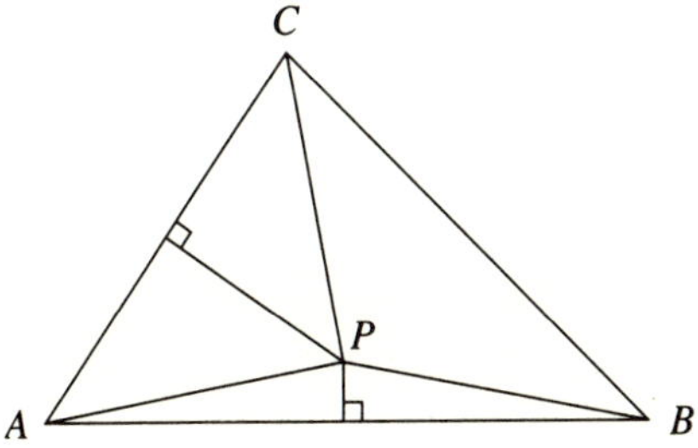

［証明］この三角形を ABC とよぶ。いま P を辺 AB と AC の垂直二等分線の交点であるとする。P は AB の二等分線上にあるから、$|AP|=|PB|$ である。P は AC の二等分線上にあるから、$|AP|=|PC|$ である。この2つを結合すると、$|PB|=|PC|$ となる。しかしこれは P が BC の二等分線上になければならないことを意味する。よって3つの垂直二等分線はすべて1点に集まる、つまり共点である。（ちなみに、P は ABC の外接円の中心［外心］である。）　□

つぎの簡約した図形は、もし P が AB の垂直二等分線上にあれば、なぜ $|AP|=|PB|$ であるのかを示す。つまり、合同三角形が見事にやってのけるのである。

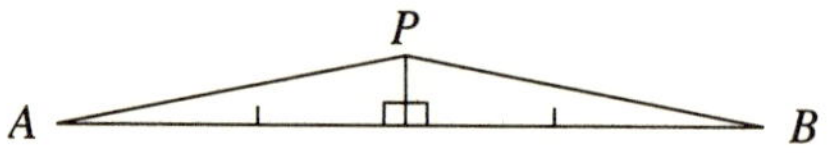

この種の解法——と、いくつかの明白な事実がからみ合ってひとつのあまり明白でない事実を形づくる不思議な方法——は、数学の美の一部である。あなたもこの美を鑑賞されるよう願っています。

謝辞

問題と助言を与えてくれたことに対してピーター・オハロラン、ヴァーン・トライリブズおよびレニー・ヌグに感謝する。また解法における訂正と独創的な近道を示してくれたバジル・レニーに対して特別に感謝する。最後に、支援、励まし、綴りの訂正、そして私がスケジュールに遅れたときに叱咤してくれたことに対して家族に感謝する。

本書における問題のほとんどすべては、数学コンペティションのために出版された問題集からとったものである。これらの出所は本書の「参考文献」の部に示しておいた。私はまた、数は少ないが、友人たちやさまざまな数学出版物からの問題も採用したが、それらの出所は示していないことをお断りしておく。

第2版へのまえがき

この本を書いたのは15年まえであった。文字どおり、私にとっては生涯の半分まえである。そのあいだ、私は家を出て、別の国に引っ越し、大学院にゆき、教師となり、研究論文を書き、大学院生を教え、妻と結婚し、息子を一人もった。明らかに、人生と数学に対する私の見方は、いまでは、15歳であったときの見方と違っている。私が数学コンペティションにかかわらなくなってから非常に長い時間がたっている。したがって、もしもこの主題についていま本を書いたとしたら、それはあなたがいま読んでいるこの本と非常に異なるものになっていただろう。

数学は多面的な科目であり、それについての私たちの経験と認識は時間と経験とともに変化する。私が数学に魅了されたのは小学生のときであった。私を魅了したものは、形式的操作の抽象的な美しさと、単純な規則のくり返し使用によって自明でない答に達する驚くべき数学の力であった。高校生のとき数学コンペに参加して、私は数学をスポーツとして楽しみ、巧みに考案された数学パズルの問題（本書における問題のような）をやったり、それぞれの問題を解くための正しい「こつ」を探したりした。大学生のとき、今日の現代数学の核心にある豊かで、深遠で、魅惑的な理論と構造を初めて垣間見て、私は畏敬の念をもよおした。大学院生のとき、私は自分自身の研究計画をもつことの誇りを知り、また独創的な論証をつくって以前に未解決であった問題を解くことからくる独特の満足感を覚えた。職業的な研究数学者としての経歴を開始したとき、私は、現代数学の理論と問題の背後にある直観と動機づけが見え始め、それと同時に、非常に複雑かつ深遠な結果でさえも、根本は非常に単純な、常識的とさえいえる原理によって導かれていることが多いことを知って大いに喜んだ。これらの原理のひとつを理解して、それがどのように数学の全体を照らしかつ特徴づけているかが突然わかる「ああ、なるほど！」という体験は真に顕著なものである。しかも数学にはまだまだ多くの側面が発見されていない。私が、ひとつの統一的主題として現代数学の努力を感じとるのに必要なだけの数学の諸分野を理解し、またそれが諸科学やほかの学問分野とどのように関連しているかを理解し始めたのは、ほんの最近のことである。

この本は私が専門的数学者の経歴に入るまえに書いたものであり、そのときにはこれらの洞察と経験の多くがまだ私にはなかった。したがって、多くの箇所において、その説明にはある程度の無邪気さがあるか素朴ささえも散見される。私はこれらの点をみだりにいじくることに気のりはしなかった。それは、より若かったときの私のほうが、現在の私よりも、高校の問題解きの世界に順応していたことはほとんど確かだからである。しかしながら、いくつかの組織的な変更はしてある。つまり、テキストの書式を LaTeX 形式にしたこと、材料をより論理的順序と思うものに配置したこと、不正確だったり、言葉づかいが悪かったり、紛らわしかったり、あるいは焦点の合っていなかったりしたテキストの部分を変更したことである。また、いくつかの練習問題を追加した。ところによっては、テキストが少し時代遅れである（たとえば、フェルマーの最後の定理はいまでは厳密に証明ずみである）。本書の問題のいくつかはより「ハイテク」の数学的道具によってより速く手際よく扱うことができたであろうということに私はいま気づいている。しかし、このテキストの要点は、問題の最も如才ない解答を示すことでも結果の最新の調査を提供することでもなく、それどころか、初めて数学的問題に接近するにはどうすればよいのか、また、ある考えを試みたりほかの考えを排除したりして着実に問題を操作するという忍耐を要する系統だった経験が、どのようにして、最終的に、満足すべき解答をもたらすことになるかを示すことである。

本書の再版に際し激励と支援を惜しまれなかったトニー・ガーディナー氏に深く謝意を表する。また多年にわたり援助してくれた私の両親にも感謝する。さらに本書の初版を長年にわたって読んでくれたすべての友人知人に感動する。最後であるが、とりわけ、私たちの時代遅れのマッキントッシュ・プラス・コンピュータから15年まえの本書の電子コピーを引き出してくれた私の両親とフリンダーズ医学センターのコンピュータ支援室の方々に特別の恩義があることを記しておきたい。

テレンス・タオ
カリフォルニア大学ロサンゼルス校数学部
2005年12月

1

問題を解くための戦略

千里之行、始於足下（千里の行《こう》も足下《そっか》より始まる）

『老子』

うえの諺に似ているとも似ていないとも言えるが、問題の解法は簡単な論理的ステップから始まり、続き、そして終わる。大股で、鋭い洞察力をもって、確固とした明確な方向に歩を進める限り、千里の旅をするのに必要な何百万歩をずっとずっと少ない歩数にすることができる。また数学は抽象的であるので、物理的な制約を受けない。つまり、いつでもゼロから再出発するとか、新しい攻撃ルートを試みるとか、あるいは即座に引き返すというようなことができる。ほかの形の問題解決では必ずしもこのような贅沢ができるとは限らない（たとえば、道に迷って家に帰ろうとするとき）。

もちろん、このおかげで必ずしも手間が省けるというわけではない。もしそのように容易であったならば、この本は本質的に短いものになったであろう。しかしそうすることは可能なのである。

問題を正しく解くための一般的な戦略と視点がいくつかある。ポーヤの本（1957）はこれらの戦略のための古典的な参考書である（文献8）。これらの戦略のいくつかは以下で論じられるが、まず、簡単な例として、おのおのの戦略がどのように用いられうるかをつぎの問題で見てみよう：

問題 1.1.　ひとつの三角形があり、その３辺の長さは公差 d の等差数列になっている。この三角形の面積を t として、各辺の長さとそれらのなす角度を求めよ。

問題を理解する　どういう種類の問題か？　問題には大きく分けて3つのタイプがある：

- 「… ということ（… であること）を示せ」または「… の値を求めよ」問題。このタイプでは、ある陳述（言明、命題）が正しいことを証明しなければならないか、またはある特定の式を解かなければならない。
- 「… を求めよ」または「… をすべて求めよ」問題。このタイプでは、いくつかの必要条件を満たす何かあるもの（または、すべてのもの）を見出すことが要求される。
- 「… があるか」問題。このタイプでは、ある言明（陳述、命題）を証明するか、またはある反例を与えることが要求される（したがって、うえの2つのタイプのひとつである）。

問題のタイプは重要である。なぜなら、それが基本的なアプローチの方法を決定するからである。「… という（… である）ことを示せ」または「… の値を求めよ」問題は、与えられたデータから始まり、そしてその対象（目的）は、何かの陳述を推論することか、ある式の値を求めることである。この問題のタイプはほかの2つのタイプよりも一般にやさしい。なぜなら、はっきりと目に見える、つまり計画的に接近することができる対象（目的）があるからである。「… を求めよ」問題はより無計画的（行き当りばったり）である。ほとんどの場合、大体うまくいくひとつの答を推測し、つぎに、それをより正しいものにするために少し手を加えなければならない。あるいはその代わりに、求めるべき対象（目的）が満たさなければならない必要条件を、より容易に満たすことができるように変更することが可能である。「… があるか」問題は典型的に最も難しい。なぜなら、最初に、対象（または目的［以下、すべて「対象」で代表させる］）が存在するかどうかを決定しなければならず、そして一方では証明を、あるいは他方では反例を与えなければならないからである。

もちろん、すべての問題がこれらのカテゴリーにきちんと分類されるわけではない。しかし、それでも任意の問題の一般形式は問題を解くときに追求すべき基本戦略を示すであろう。たとえば、もし「その夜に泊まるホテルをこの町で見つけよ」という問題を解決しようとする場合、たとえば、この要求を「5キロメートル以内で一泊100ドル以下の部屋のあるホテルで空室のあるところを見つけよ」に変更し、それから純粋な消去法を用いるべきである。これは、そのようなホテルが存在するかしないかを証明するよりもよい戦略であり、おそらく、任意の手元のホテルを選んでそこに泊まることができることを証明するよりもよい戦略であろう。

問題1.1は、「… の値を求めよ」タイプの問題である。私たちは、ほかの変数を仮定したうえで、いくつかの未知数の値を求める必要がある。このことは、幾何的解法よりもむしろ代数的解法を示唆する。dとtと三角形の辺と角とを関係づける多くの方程式を使って、最終的に未知数の値を求めるからである。

データを理解する　その問題において何が与えられているか？　ふつう、問題というものは何かある特定の要求を満足させるいくつかの対象について語っている。データを理解するためには、対象と要求が互いにどのように反応し合うのかを見る必要がある。このことは、問題を処理するための適切な手法と表記に着目するときに重要である。たとえば、うえの問題例では、私たちのデータは、ひとつの三角形、その三角形の面積、そして3辺の長さが公差dの等差数列になるという事実である。私たちはひとつの三角形をもち、それの辺と面積を考慮に入れるつもりであるから、この問題にとり組むためには、辺と角と面積を関係づける定理が必要であろう。たとえば、正弦法則、余弦法則、面積公式が必要であろう。また、私たちはいま等差数列を扱っているので、それを説明するための何か表記が必要であろう。たとえば、辺の長さを a、$a+d$、$a+2d$ とすることができる。

対象を理解する　私たちは何を求めているのか？　必要とされるのは、ある対象を求めること、ある言明（陳述、命題）を証明すること、特定の性質をもったある対象の存在を決定すること、そういったことであろう。この戦略の裏面である「データを理解する」のときと同じように、対象を知ることは、用いるべき最良の兵器に注意を集中するときに役立つ。対象を知ることは、また、私たちを問題解決へと近づけることが確実な戦術的目標をつくり出すのに役に立つ。うえの例題は「この三角形のすべての辺と角を求めよ」という対象をもつ。このことは、前述したように、辺と角に関する定理と結果が必要であることを意味する。それはまた、「この三角形の辺と角に関する方程式を求めよ」という戦術的目標を私たちに与えるのである。

よい表記を選ぶ　データと対象をもった以上は、それを効果的な方法で表して、その両方ができるだけ簡単に表現されるようにしなければならない。これは上記の2つの戦略の考えに関係するのがふつうである。例題では、私たちはすでに、d と t と三角形の辺と角に関係する方程式について考えている。私たちは変数を用いて辺と角を表す必要がある。つまり、3つの辺を a、b、c で表し、一方、3つの角を α、β、γ で表すことができる。しかし私たちはデータを用いてこの表記を単純化することができる。つまり、3辺は等差数列をなすことがわかっており、したがって a、b、c の代わりに、a、$a+d$、$a+2d$ とすることができる。しかし、辺の長さを $b-d$、b、$b+d$ とすることによって、より対称的にするならば、この表記はいっそうよくなる。この表記のちょっとした欠点は、b が d よりも大きいとせざるをえないことである。しかしさらによく考えると、これは実際は制約ではないとわかる。それどころか、$b>d$ という知識は私たちには余分のデータなのである。この表記はまた、角を α、β、$180^\circ-\alpha-\beta$ と表すことによってさらに刈り込むこともできるが、これは見苦しいし非対称的である——おそらく角の表記は古いままにしておくほうがよいだろう。ただし、$\alpha+\beta+\gamma=180^\circ$ は忘れないでおこう。

選ばれた表記を用いて知っていることを書き留める、そして図を描く　何でも紙に書き留めておくことは3つの形で役に立つ：

(a)　あとで容易に参考にすることができる。
(b)　その紙は、あなたがゆきづまったときにじっと見つめるのによいものである。
(c)　知っていることを書き留めるという物理的行為は、新しい霊感と関連のきっかけとなることがある。

けれども、必要以上のものを書くことには気をつけなければならない。決して紙を細密画で埋めすぎてはいけない。ひとつの妥協は、最も役立つと思われることを目立たせて、より不確かな、冗長な、あるいは常軌を逸した考えは、メモ用紙の別の部分に書きつけることである。うえの例題から引き出すことのできるいくつかの方程式と不等式を以下に列挙しよう：

- （物理的制約）$\alpha, \beta, \gamma, t>0$ および $b\geq d$。また、一般性を失わずに、$d\geq 0$ と仮定することができる。
- （三角形の角の和）$\alpha+\beta+\gamma=180^\circ$。
- （正弦法則）$(b-d)/\sin\alpha=b/\sin\beta=(b+d)/\sin\gamma$。
- （余弦法則）$b^2=(b-d)^2+(b+d)^2-2(b-d)(b+d)\cos\beta$、など。
- （面積の公式）$t=(1/2)(b-d)b\ \sin\gamma=(1/2)(b-d)(b+d)\sin\beta=(1/2)$

$b(b+d)\sin a$。

- （ヘロンの公式）$t^2=s(s-b+d)(s-b)(s-b-d)$。ここで $s=((b-d)+b+(b+d))/2$ は半周長である。
- （三角不等式）$b+d \le b+(b-d)$。

これらの事実の多くは役立たないか、注意を散らさせるだけかもしれない。しかし私たちは自ら判断をして、役立たない事実から価値のある事実を区別することができる。私たちの対象とデータは等式の形をとってやってくるので、等式は不等式よりも役に立ちそうである。また、ヘロンの公式は、周の半分（半周長）が $s=3b/2$ に簡略化されるので、とりわけ期待できそうである。したがって、「ヘロンの公式」を役立ちそうなものとして際立てることができる。

もちろん、私たちは絵を描くこともできる。いまの問題では、絵はあまり多くのことをつけ加えるようには見えないけれども、幾何学の問題では絵を描くことは非常に有益なことが多いのである。

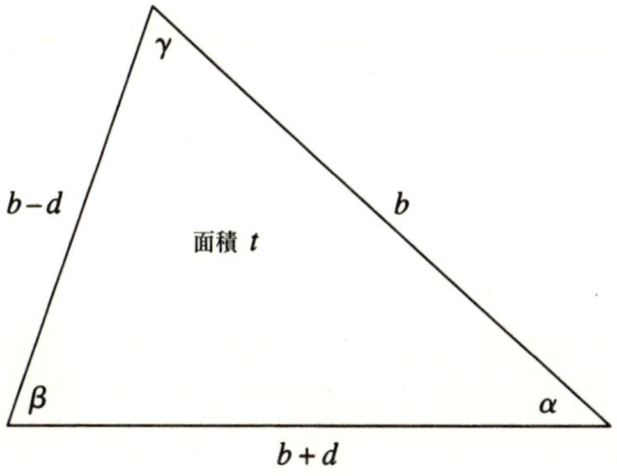

問題をわずかに変更する　問題をより扱いやすいものに変えるための方法はたくさんある：

(a) その問題の、極端な、または退化ケースのような、特別な場合を考える。
(b) その問題の簡略版を解く。
(c) その問題を含意すると思われる予想を定式化して、まずそれを証明しようと試みる。
(d) その問題の結果を引き出して、まずそれを証明しようと試みる。
(e) その問題を再定式化する（たとえば、対偶をとる、背理法で証明する、あるいは置換を試みる）。
(f) 類似した問題の解法を検討する。
(g) その問題を一般化する。

これは、あなたがある問題を始めることすらできないときに役に立つ。なぜなら、より単純な関連問題について解くことは主問題へ進む方向をときおり示すからである。同じように、極端な場合を考えたりまた追加的な仮定をして問題を解いたりすることも一般的な解法に光をあてることがある。しかし特別な場合はもともと特別なのであり、ある上品な手法がもしかしてそれらに適用できたとしても、一般的な場合を解くときにはまったく役に立たないという可能性もある。このようなことは特別な場合が特別すぎるときに起こりがちである。控えめな仮定から始めるのがよい。なぜなら、そうすればあなたは問題の精神にできるだけ忠実であることになるからである。

問題 1.1 においては、私たちは $d=0$ のような特別な場合を試みることができる。この場合には、私たちが必要とするのは面積 t の正三角形の辺の長さを求めることである。この場合には、答を計算することは標準問題であり、$b=2t^{1/2}/3^{1/4}$ である。これは、一般的な答もまた平方根または 4 乗根を含むべきことを示すが、そのほかの点ではこの問題についてどうすべきか何も示唆しない。類似の問題を検討することもまた、必要なのはがむしゃらな代数的攻撃だという証拠をさらに得る以外、ほとんど何も引き出さない。

問題を大きく変更する　この種のより攻撃的な戦略では、私たちは、たとえば、データを取り除くとか、対象とデータを交換するとか、対象を否定する（たとえば、命題を証明するよりむしろその反証をあげようとする）とか、問題に主要な変更をおこなう。基本的には、私たちは、問題を壊れるまで押し進めてゆき、どこで崩壊が起こるかを特定しようとする。これによってデータの主要な要素が何であるかが特定され、それとともに、主要な困難がどこにあるかも特定される。こうした練習はまた、どの戦略がうまくいきそうか、どの戦略が失敗しそうかなどについての直観力を得るのに役立つことにもなる。

問題1.1に関しては、この三角形を四角形や円そのほかにおき換えることはできるかもしれない。あまり役立たない。問題がいっそう複雑になるだけである。しかし他方では、この問題で必要なのは三角形ではなく、この三角形の寸法なのだということがわかる。この三角形の位置を知る必要はない。つまりここで、私たちが注意を集中すべき相手は辺と角（すなわち、a、b、c、α、β、γ）であって、座標幾何もしくは同類のアプローチではないということがさらに確認されるのである。

私たちはいくつかの対象を省略することができる。たとえば、辺と角をすべて計算する代わりに、たとえば、辺だけを計算することができる。しかし、そのとき、余弦法則と正弦法則によって、この三角形の角がとにかく決定されるだろうということに気づくことはできる。したがって、辺の値を求めさえすれば十分である。しかし3辺の長さは$b-d$、b、$b+d$であるとわかっているから、この問題を終えるにはbの値を求めるだけでいいのである。

私たちはまた、公差dのように一部のデータを省略することもできる。しかし、そのとき、私たちにはいくつかの解法が考えられるので、この問題を解くにはデータは不十分ということになる。同じように、面積 t を省けば、解を得るための十分なデータが残されないことになろう。(ときには、たとえば、面積があるしきい値 t_0 より大きいか小さいかを明記することによって、データを部分的に省略することができる。しかしこれでは状況が複雑になる。まず単純な選択肢にこだわろう)。とはいえ、問題を裏返す(データと対象を交換する)ことによって、いくつかの興味深い考えがもたらされる。公差 d の三角形があり、その面積が t になるまでそれを縮めたい(とか何とかしたい)と仮定しよう。辺の公差を保存しながら縮みかつ変形する私たちの三角形を想像することができる。同じように、一定の面積をもつあらゆる三角形を考え、この三角形を正しい等差数列の辺をもつものに形を変えていくことができる。こういった考えでも長い目で見ればいまくいくであろう。しかし私はこの問題を別のアプローチで解こうと思う。けれども、ひとつの問題は2つ以上の方法で解くことができ、どんな特別な方法であっても絶対的な最良の解法であると判断することはできない、ということを忘れてはならない。

私たちの問題 1.1 についてのさまざまな結果を証明する　データは使われるためにある。ゆえに、データを拾いあげて、それをいじるべきである。そのデータはより意味のあるデータをつくり出すことができるか？　また、小さい結果を証明することはあとで主要な結果を証明するか答を求めようとするときに役に立つ可能性がある。その結果がいかに小さかろうと、それを忘れてはいけない——それはあとで意味をもつことになるかもしれない。さらに、あなたがゆきづまったときには、それは何かすることをあなたに与えてくれるだろう。

うえの三角形問題のような「… の値を求めよ」問題では、この戦術はそれほど役立たない。しかし試みることはできる。たとえば、私たちの戦術的目標は、b の値を求めることである。この値は2つのパラメータ d と t に左右される[パラメータは助変数あるいは媒介変数ともよばれる]。言い換えれば、b は実際には関数である、つまり $b=b(d, t)$ である。(もしこの表記が幾何問題で場違いに見えるならば、それは幾何が対象の関数的依存性を無視するきらいがあるためである。たとえば、ヘロンの公式は、辺 a、b、c を用いて面積 A に明示的外形を与える。言い換えれば、それは関数 $A(a, b, c)$ を表しているのである。) さて、私たちは、この関数 $b(d, t)$ についてのいくつかのミニ結果、たとえば $b(d, t)=b(-d, t)$ (等差数列には反転した公差をもつ等価の等差数列がある)、あるいは $b(kd, k^2t)=kb(d, t)$ (これは $b=b(d, t)$ を満足させる三角形を k 倍に膨らますことによっておこなわれる) を証明することができる。私たちは、b を d または t に関して微分しようとすることさえできる。この問題1.1の場合には、これらの戦術によって、たとえば $t=1$ あるいは $d=1$ と定めて、いくつかの正規化をおこなえるし、また最終的な答をチェックするための方法を与えることも可能である。しかしながら、この問題では、こうした秘訣は小さな利益を与えるにすぎないことがわかるので、それらはここで使われない。

データを単純化し、活用し、戦術的目標に達する　私たちはいまや表記の設定も終わり、二三の方程式をもっているので、すでに確立してある戦術的目標に達することを真剣に検討すべきである。単純な問題では、通常このための標準的な方法がある。(たとえば、代数的単純化はふつう高校レベルで徹底的に議論される。) 一般に、この部分は、この問題の最も長く、最も難しい部分である。しかしながら、もし、関連のある定理、データとその使われ方、そして何よりも対象を忘れずにいるならば、道に迷うのを避けることができる。与えられた手法や方法を盲目的に当てはめるのでなく、そのような手法がどこで使えるか先を読みながら考えるというのはいい考えである。これによって、多くの努力をつぎ込むまえに無益な探求の方向をとり除くことができれば、莫大な時間を節約することができ、そして反対に、最も見込みのある方向を優先することができるのである。

問題1.1では、私たちはすでにヘロンの公式に注意を集中している。私たちはこれを使って b の値を求めるという戦術的目標に達することができる。結局、いったん b が知られれば、正弦規則と余弦規則から α、β、γ を決定できるということにはすでに言及した。これは一歩前進であるというさらなる証拠として、ヘロンの公式が d と t を含むことに留意せよ——本質的にこの公式は私たちのすべてのデータを使う（これらの辺が等差数列をなすという事実はすでに私たちの表記に組み込まれている）。とにかく、d、t、b を使って表したヘロンの公式は、

$$t^2 = \frac{3b}{2}\left(\frac{3b}{2} - b + d\right)\left(\frac{3b}{2} - b\right)\left(\frac{3b}{2} - b - d\right)$$

となり、これを単純化すると

$$t^2 = \frac{3b^2(b-2d)(b+2d)}{16} = \frac{3b^2(b^2-4d^2)}{16}$$

となる。さて b の値を求めなければならない。式の右辺は b の多項式である（d と t を定数として扱えば）。要するにこれは b^2 に関する2次方程式である。ところで、2次方程式は容易に解ける。分母をはらって、すべてを左辺にもっていけば、

$$3b^4 - 12d^2b^2 - 16t^2 = 0$$

が得られる。ゆえに、2次方程式の解の公式を使って、

$$b^2 = \frac{12d^2 \pm \sqrt{144d^4 + 196t^2}}{6} = 2d^2 \pm \sqrt{4d^2 + \frac{16}{3}t^2}$$

が得られる。b は正でなければならないから、

$$b=\sqrt{2d^2+\sqrt{4d^2+\frac{16}{3}t^2}}$$

となる。チェックとして、$d=0$ のときにこの値がまえに私たちが計算した値 $b=2t^{1/2}/3^{1/4}$ と一致することを検証すればいい。いったん3つの辺 $b-d$、b、$b+d$ を計算すれば、3つの角 α、β、γ の値は余弦法則から求められる。終わり！

2

整数論における例

生まれるのも、死ぬのも、運不運も、3の数で呪《まじ》くれる
シェイクスピア『ウィンザーの陽気な女房』（坪内逍遥訳）

整数論（数論）は必ずしも神聖なものとは限らないが、それでも神秘的な雰囲気を漂わせていることは確かである。方程式を操作する法則をその背骨としてもつ代数とは違って、整数論は未知の源からその結果を導き出すように思われるのである。たとえば、**ラグランジュの定理**（最初にフェルマーによって予想された）をとってみよう。これは、すべての正の整数が4つの完全平方の和であることを述べる（たとえば $30=4^2+3^2+2^2+1^2$）。私たちはいま代数的にきわめて単純な等式について話しているのである。しかし、私たちは整数に限定されているので、代数の諸法則は役に立たない。この結果は腹立たしいまでに外見上ごくふつうに見えるし、実験はこの定理がうまくいくらしいことを示すが、なぜなのかの説明を与えない。それどころか、ラグランジュの定理は本書が対象とする初等手段によって容易に証明することができない。つまり、ガウスの整数かそれに似た何かへの脇道へそれる必要がある。

けれども、ほかの問題はそれほど難解ではない。以下に単純な例をいくつか列挙するが、すべて自然数 n にかかわっている：

(a)　n はつねにその5乗 n^5 の最後の桁の数と同じである。
(b)　n は、その各桁の数の和が9の倍数であるときかつそのときに限

り、9の倍数である。

(c) （ウィルソンの定理）$(n-1)!+1$ は、n が素数のときかつそのときに限り、n の倍数である。

(d) もし k が正の奇数であれば、$1^k+2^k+\cdots+n^k$ は $n+1$ によって割り切れる。

(e) （ゼロによる水増しを許して）長さ n 桁で、それ自身の平方と最後の n 桁の数字が同じ数はちょうど4個ある。たとえば、この性質をもつ4個の3桁数は000、001、376、625である。

これらの言明（命題）はすべて初等整数論によって証明することができる。すべては**モジュラー算術**（合同式）の基本的概念を中心に回転する。モジュラー算術は、有限個の整数に限定されることを除けば、代数の威力をあなたに与えるものである。ちなみに、最後の命題(e)を解決する試みから結局は***p*** **進法**の概念が導かれることになるが、これはモジュラー算術の無限次元形式の1種である。

基礎的な整数論は気持がよい数学の片田舎である。整数と整除性（割り切れること）の基本的概念に由来する応用は驚くほどに多様で強力である。整除性の概念は必然的に**素数**の概念につながって、これが因数分解の詳細な性質へと移り、それから、19世紀の最後の部分における数学の宝石のひとつ、素数定理につながる。この定理は、与えられた数より小さい素数の個数をかなりの程度まで予測する。その一方で、整数演算の概念は、モジュラー算術と結びついて、これが整数の部分集合から、有限群、環、体の代数学に一般化されうるし、また、代数的整数論につながって、「数」の概念が無理数と分裂体の要素と複素数へ拡張されるのである。整数論は、数学という巨体を支える基本的礎石である。そしてもちろん、それがまた楽しみでもある。

問題の考察を始めるまえに、いくつかの基本的な表記法を復習しよう。**自然数**とは、正の整数のことである（0は自然数と見なさない）。

自然数の集合はNと書かれる。**素数**とは、それ自身と1以外に因数をもたない自然数である（1は素数と見なさない）。2つの自然数mとnは、もし唯一の共通因数（公約数）が1であるならば、**互いに素**である。

「$x=y \pmod{n}$」という記法は、「nを法としてxはyに等しい」と読み、xとyがnの倍数だけ異なることを意味する。たとえば、$15=65 \pmod{10}$となる。「$(\bmod\ n)$」という記法は、私たちがいまとり組んでいるのは、法nが0と同一視された**モジュラー算術**のなかであることを表す。したがって、たとえば、モジュラー算術（mod 10）は$10=0$の算術である。したがって、たとえば$65=15+10+10+10+10+10=15+0+0+0+0+0=15 \pmod{10}$である。モジュラー算術がまたふつうの算術と異なる点は、不等式が存在しないこと、そしてすべての数が整数だということである。たとえば、$7/2\neq 3.5 \pmod{5}$、それどころか、$7=12 \pmod{5}$だから$7/2=12/2=6 \pmod{5}$である。このようにぐるっと回って割るのは奇妙なことに思われるであろうが、実際は何の矛盾も存在しないことがわかるのである。もっとも、いくつかの割り算は禁じられているが、それはちょうど、ゼロによる割り算が伝統的な実数の場において禁じられているのと同じである。一般的な法則として、もし分母が法nと互いに素であれば、割り算はよしとされる。

2.1　桁の数字

前節で、ひとつの数について何か（具体的に言うと、それが9で割り切れるかどうか）を知ることができることを述べた。より高等の数学では、このような演算がとくに重要なわけではないということがわかるが（直接に数を研究するほうが、桁の拡大を経由してそれらを研究するよりもはるかに効果的だということがわかっている)、娯楽的な数学では非常に人気があり、一部の人たちから神秘的な意味を与えられさえしている！　確かに、各桁の数字を合計する問題は、数学コンペにしばしば現れる。たとえばつぎの問題がそうである。

> **問題 2.1**（文献 10、p.7）　任意の 18 個の連続した 3 桁数のなかに、その各桁の数の和によって割り切れる数が少なくとも 1 個あることを示せ。

これは有限な問題のひとつである。3 桁数は 900 個かそこらあるだけであり、したがって、理論的には、この問題は手計算で解くことができる。しかし、私たちがこの仕事を短い時間でできるかどうか見てみよう。第一に、この対象は少し気味の悪い様子をしている。より容易に扱うことができるように、まず対象を数学的な式として書き留めてみよう。3 桁数は abc_{10} の形で書くことができる。ここで a、b、c は各桁の数字である。ここで abc_{10} と書いているのは、abc との混乱を避けるためである。$abc_{10}=100a+10b+c$ に対して、$abc=a\times b\times c$ であることに注意せよ。もし「a は b を割り切る」という陳述を表すための一般的な表記法 a|b を使うならば、私たちがいま求めたいものは

$$(a+b+c)\mid abc_{10} \tag{1}$$

と表される。ここで abc_{10} は 18 個の与えられた連続数のうちの 1 個の各桁の数字である。私たちはこの方程式を簡約するか、単純化するか、あるいは何かして使用可能なものにすることができるか？　それは可能であるが、半分まともと言えるほど（たとえば、a、b、c を直接に結びつける有用な方程式）にまで単純化することもできない。そ

れどころか、(1) は、abc_{10} の代わりに $100a+10b+c$ をおき換えたあとでさえも、扱うには恐ろしい代物である。(1) の解 abc_{10} を見てみると、つぎのようである：

100、102、108、110、111、112、114、117、120、126、…、990、999

これらは偶然ででたらめのように見える。しかしながら、これらは、18 個の連続する数のうちどの一続きも解をもつことができるくらい十分多く発生しているように見える。それはともかく、18 の意味は何であるか？　それが「燻製ニシン」[人を惑わすような情報]（たとえば、たぶん 13 個しか連続数は必要でないが、18 はあなたを本筋からそらすために投げられた数であるというもの）ではないとしたら、なぜ 18 なのか？　ある数の各桁の数の和がむしろ 9 という数に関係し（たとえば、どの数も 9 で割ると各桁の数の和と同じ余りをもつ）、そして 18 が 9 に関係している、そのように、漠然としたつながりがあるかもしれない、という考えがふと心に浮かぶかもしれない。それでもやはり、連続的な数と整除性は相性が悪いのである。問題を定式化しなおすか、あるいは解く見込みがあるように関連した問題を提案しなければならないように思われる。

いまや私たちは数 9 に関連した何かに目を光らせている以上は、実際に (1) を満たす大多数の数は 9 の倍数、あるいは少なくとも 3 の倍数であることに気づかなければならない。いやそれどころか、上記リストにはたった 3 つの例外（100、110、112）があるだけで、9 の倍数の事実上すべてが (1) を満たすのである。したがって、私たちは、直接、

任意の 18 個の連続した数に対して、少なくとも 1 個は (1) を解く

を証明しようと試みる代わりに、

> 任意の18個の連続した数に対して、(1)を解く9の倍数が1個ある

のような、何かを試みることができるであろう。

この道筋は私たちのデータ（18個の連続した数）と対象（(1)を満たす1個の数）とのあいだの「氷を砕く」ように見える。なぜかと言うと、18個の連続した数はつねに9の倍数を含む（それどころか、そのような倍数を2個含む）うえに、数的な証拠と、数9の発見的特性から、9の倍数が(1)を満たすように思われるからである。この「飛《とび》石《いし》」アプローチは、2つの非友好的言明を和解させる最もよい方法である。

さて、このような個々の（9の倍数を考える）飛石はうまくいくが、すべての場合を対象とするために、いくらか余分の仕事が必要である。実は、18の倍数を用いるほうがもっとうまくいくのである。つまり、

18個の連続した数	⇒	18の倍数	⇒	(1)の解

この変化に対する理由は2重の要素からなる：

- 18個の連続した数はつねにかっきり1個の18の倍数を含むが、それらは9の倍数を2個含むことになる。18の倍数を使うほうが9の倍数を使うよりもすっきりし、より適切であるように見える。結局、たとえこの問題を解くのに9の倍数を使ったとしても、この問題は18個の代わりに9個の連続した数を必要とするだけである。
- 18の倍数は9の倍数の特別な場合にすぎないので、9の倍数に対してよりも18の倍数に対して(1)を証明するほうがより容易なはずである。それにまた、9の倍数は必ずしもうまくいくとは限らない

が（たとえば、909 を考えよ）、18 の倍数なら、このあと見るように、うまくいく。

とにかく、実験は、18 の倍数がうまくいくらしいことを示している。しかし、どうして？　たとえば、216 をとってみよう。これは 18 の倍数である。各桁の数の和は 9 であり、また 18 が 216 を割り切るので 9 は 216 を割り切る。もうひとつの例を考えてみよう。882 は 18 の倍数であり、各桁の数の和は 18 である。よって 882 は明らかに自身の各桁の数の和で割り切れる。いくつかの例をあれこれ試してみると、18 の倍数の各桁の数の和はいつでも 9 または 18 であり、これがもとの数をほとんど不戦勝で割り切ることが示される。

［証明］　18 個の連続した数の範囲内では、1 個は 18 の倍数でなければならない。これを abc_{10} とすると、abc_{10} はまた 9 の倍数でもあるので、$a+b+c$ は 9 の倍数でなければならない。(9 に対する整除性法則を思い出そう。ある数の各桁の数の和が 9 で割り切れるときかつそのときに限り、その数は 9 で割り切れる)。$\mathrm{a+b+c}$ は 1 と 27 のあいだにあるので、$a+b+c$ は 9 か 18 か 27 でなければならない。27 となるのは $abc=999$ のときだけであるが、それは 18 の倍数ではない。よって $a+b+c$ は 9 か 18 であり、それゆえ $a+b+c \mid 18$ である。しかし定義により $18 \mid abc_{10}$ である。ゆえに、要望通り、$a+b+c \mid abc_{10}$ である。 □

桁の数字のようなものを含む問題では、直接的アプローチはふつう解決策ではないということを覚えておこう。扱いにくい式はより処理しやすいものに単純化すべきである。いまの場合、「任意な 18 個の連続した数のうちの 1 個は. . .」といった表現は、「任意な 18 の倍数は. . .」という、より弱いが、より簡素で、より問題に関連した（整除性法則に関係づけられた）表現におき換えられた。けれども、結局、その読みが正しかったことが判明した。また、有限な問題では、その戦略はより高等な数学における戦略に似ていないことを覚えておこう。たとえば、

$$a+b+c \mid abc_{10}$$

という式は、典型的な数学（たとえば、モジュラー算術の応用）のようには扱われないで、その代わりに、私たちは、すべての数が3桁しかもたないという事実によって、$a+b+c$ に限界（9、18、27）をおき、

$$9 \mid abc_{10}、18 \mid abc_{10}、27 \mid abc_{10}$$

という、ずっと単純な形にして残したのである。それどころか、abc_{10} を $100a+10b+c$ のように代数的に展開する必要さえもなかった。そうするのが論理的な第一歩のように見えたかもしれないが、それこそ「燻製ニシン」のようなものであり、結局、問題を少しも明快にさせないということがわかるのである。

最後の一言：18個の連続した数は、それらのひとつが(1)を満たすことを保証するのに必要な最少の個数であることがわかる。17個ではうまくいかないのである。たとえば、599から575までの数列を考えよう（そのために私は、手の込んだ数学でなく、コンピュータを使った）。もちろん、この問題を解くためにこのことを知っている必要はない。

練習問題2.1　ある室内ゲームで、奇術師は、参加者の1人に3桁の数 abc_{10} について考えるように求める。それから奇術師は、その参加者に5個の3桁数、acb_{10}、bac_{10}、bca_{10}、cab_{10}、cba_{10} を

足してそれらの和を明かすように頼む。その和は3194であったと仮定しよう。abc_{10} はもともとどのような数であったか？（ヒント：5個の数の和を表すいっそうよい表現、つまり、より数学的な何かを得る。そのあと、モジュラー算術を使って a、b、c 上にいくつかの限界を得る。）

問題 2.2（文献 10、p.37）　2の累乗で、その各桁の数字を再配列して別の2の累乗にすることができるような2の累乗があるか？（先頭の桁はゼロであってはならない。たとえば、0032は許されない。）

これは、解けない組合せのように思われる。つまり、2の累乗と、桁数字の再配列という組み合わせである。その理由は、

(a)　桁の数字の再配列には非常に多くの可能性があること、
(b)　2の累乗の個々の桁の数字を決定するのは容易でないこと

のためである。このことはおそらくコソコソした何かが必要であることを意味するのだろう。

やらなければならない最初のコソコソしたことは答を推測することである。状況証拠（この問題は数学コンペからのものである）が、これが試行錯誤問題ではないことを示唆しているので、答はおそらく「ノー」に違いない。（他方では、例外的に独創的な構成ならば、桁の数字の利口な再配列をうまくやってのけるかもしれない——しかしそのような構成はおそらく簡単には見つからないだろう。最初にやさしい選択肢を推測せよ。もしあなたが正しければ、難しい道を追求しなかったことで多くの時間を節約したことになり、もし間違っていれば、とにかくあなたは長い道のりを歩くことを運命づけられていたのだ。

このことは、問題を解くためには見込みがあるが難しいやり方のことを忘れるべきだということを意味するのではない。いやむしろ、深い海に飛び込むまえに目を凝らして周囲を見まわすべきなのだ)。

問題 2.1 でのように、各桁の数字は実際には一種の「燻製ニシン」である。問題 2.1 では、私たちは各桁の数の和について 2 つのことを知りたかっただけである。第一に、整除性の条件、そして第二に、大きさの制限である。私たちは厳密な方程式のもつあらゆる厄介な事態をもち込みたくなかった。ここでもおそらく大同小異であろう。つまり、桁交換の過程を一般化することによって私たちはこの問題を単純化しなければならない。純粋に論理的な観点から言うと、私たちはまえより多くのことを証明しなければならないから、状況はいっそう不利である。しかし明瞭さと単純さという点では、私たちはしっかりした足掛かりを得つつある。(使うことのないデータを背負い込む必要はない。気を散らされるだけだ。)

ところで、いま私たちがすべきことは、2 の累乗と桁交換の主要な性質を摘出することである――うまくいけば、互いに矛盾する性質を見出すであろう。そこでまず 2 の累乗から始めよう。このほうがより扱いやすいのである。それらは、

1、2、4、8、16、32、64、128、256、512、1024、2048、4096、8192、16384、32768、65536、…

である。さて、ここにある各桁の数について言えることはそれほど多くない。2 の累乗の最後の桁は明らかに偶数であるが (数 1 を除けば)、ほかの桁はまったくでたらめに見える。たとえば、4096 という数をとったとしよう。ここには奇数が 1 個で、偶数が 2 個あり、そしてゼロという数もある。何が、それを別の 2 の累乗に再配列することを妨げているのか?　たとえば、それを再配列して $2^{4256}=1523\cdots936$ にす

ることができるか？　「もちろん、できません！」とあなたは言うであろう。なぜ？　「桁数が大きすぎるからです！」 では、桁数を数えてみては？　「ええ、2^{4256} には数千桁ありますが、4096 には 4 桁しかありません」 ははあ、つまり、桁を再配列しても桁の個数を変えることはできないというわけだ。（私たちの問題に役立つ可能性さえあればどんな事実でも、たとえ単純なものでも、書き留めなさい――「明らかな」事実が必要なときにいつもすぐに思い浮かぶものと決めてかからないこと。金は地下の浅部にあっても探さなければ掘り出せないのだから。）

では、このような小さな情報を使って、私たちの一般化計画を進めてゆくことができるか？　私たちの一般化された問題はいまや以下のようになる：

> 2 の累乗で、最初の 2 の累乗と同じ桁数をもった別の 2 の累乗があるようなものがあるか？

残念ながら、この問題の答はすぐに「イエス」とわかる。たとえば、2048 と 4096 である。私たちはあまりにも一般的であった。（この問題に対する「イエス」という答は、必ずしももとの問題に対する「イエス」という答になるとは限らないことに注意しよう。）もう一度、問題 2.1 に目を向けよう。「18 の倍数の各桁の数の和は 9 の倍数でなければならない」ことを単に知っているだけでは、この問題を解くのに十分ではない。私たちはまた「3 桁数の各桁の数の和はたかだか 27 である」という事実も必要とした。要するに、私たちはその問題についてそれを解くだけ十分な事実を見つけていないのである。けれども、私たちはそれでもやはり部分的には成功している。なぜなら、桁再配列の可能性を制限したからである。もう一度 4096 という数をとろう。これは別の 4 桁数に再配列されることしかできない。すると、4 桁の

2の累乗はいくつあるのか？　たった4個——1024、2048、4096、8192——である。これは2の累乗が倍加し続けるためであり、それらはあまり長くは同じ「税率区分」にとどまっていられないからである。それどころか、たかだか4個の2の累乗が同じ桁数をもつということがまもなくわかるのである。(5番目の連続した2の累乗は最初のものの16倍であり、よって1番目の2の累乗よりも桁数を多くもたなければならない。) ゆえに、このことは、おのおのの2の累乗に対して、もしかしてもとの2の累乗の桁数字の再配列となるかもしれないほかの2の累乗はたかだか3個しかないことを意味している。部分的勝利：私たちがまえに有していた無限個の代わりに、たった3個またはそれより少ない容疑者が、おのおのの2の累乗に対して消去されるべく残った。おそらくもう少し残業をすれば、これらの容疑者もまた消去することができるだろう。

私たちはまえに、桁を交換すると、できあがった数はもとの数と同じ桁数であると言った。しかしその逆は決して真ではない。このような桁交換の孤独な性質がそれだけでこの問題を解きはしないであろう。このことは、私たちがあまりに一般化しすぎて調子に乗りすぎていたことを意味する。もう一度リールを巻きもどそう。私たちが桁を交換する際に何かほかのものが保存されるかもしれない。いくつかの例を見てみよう——今度も4096をとるが、この数に関していくらかの経験を私たちはすでに得ているからである。桁交換の可能性のある数は、

4069、4096、4609、4690、4906、4960、6049、6094、6409、
6490、6904、6940、9046、9064、9406、9460、9604、9640

これらにはどんな共通点があるか？　これらは同じ桁数字の集合をもつ。それはそれで大変けっこうなことであるが、「桁数字の集合」は非常に有益な数学的対象ではない（この概念を使う定理や道具は多く

ない)。しかしながら、各桁の数の和、つまり**桁和**はより通常の兵器である。それで、もし2つの数が同じ桁数字の集合をもつならば、それらは同じ桁和をもたなければならない。ゆえに私たちはもうひとつの小さな情報をもつことになる。つまり、桁交換は桁数字の和を保存する。これとさきの小さな情報とを組み合わせると、私たちは以下の新たな置換問題をもつことになる：

> 2の累乗で、最初の2の累乗と同じ桁数で**かつ**同じ桁和をもつ別の2の累乗があるようなものがあるか？

この場合も、もしこの問題が真であれば、もとの問題は真である。さて、この問題はもとの問題より対処するのが少しやさしい（「桁数」と「桁和」はふつうの整数論の材料であるから)。

この新しい概念を念頭において、2の累乗の桁和を検討してみよう(私たちの新しい問題がそれらを含むからには)。それらは以下のようになる：

2の累乗	桁和	2の累乗	桁和	2の累乗	桁和
1	1	256	13	65,536	25
2	2	512	8	131,072	14
4	4	1,024	7	262,144	19
8	8	2,048	14	524,288	29
16	7	4,096	19	1,048,576	31
32	5	8,192	20		
64	10	16,384	22		
128	11	32,768	26		

この表から、私たちはつぎのことに気づく：

- 桁和はまるっきり小さい傾向がある。たとえば、2^{17} の桁和はほんの 14 である。これは実のところ少しばかり不運というものである。なぜなら、小さな数は大きな数よりも一致する可能性がより大きいからである。（もし 10 人がそれぞれでたらめに 2 桁数を 1 個選びとるならば、かなり大きな（9.5％）一致の機会があるが、もし各人が 10 桁数を 1 個選びとるならば、一致の機会は 100 万に 1 つしかない。宝くじに当たるくらいの低い確率である。）しかし数の小さいことはまたパターンを見つけるのに役立つので、悪いことづくめというわけではない。
- いくつかの桁和は一致する。たとえば、16 と 1024。しかし桁和はとにかくゆっくりと増大していくように見える。100 桁の 2 の累乗は 10 桁の 2 の累乗よりも大きな桁和をもつことが予想されるであろう。しかしまた、私たちは同じ桁数をもつ 2 の累乗に閉じ込められていることを忘れてはならないから、この予想はたいして役に立たない。

要するにこれらの観察の結果はこうである：桁和は容易に認知しうる巨視的構造をもつが（n とともにゆっくり増大する。それどころか、2^n の桁和は大きな n に対して近似的に $(4.5 \log_{10} 2)n \approx 1.355n$ であることはほぼ確実である（証明されていないにもかかわらず！））が、微視的構造の質は最低である。桁数字があまりにも激しく変動するのである。私たちはまえに「桁数字の集合」は手に負えないということを述べた。いまや「桁和」はそれほど見かけ倒しでもないらしい。私たちがうまく処理できる何かを残すような、この問題の別の簡約化があるか？

そうねえ、私たちはまえに「桁和」は数学における「通常兵器」であることを述べた。たとえば、先行する問題を見てほしい。しかし桁和がうまく主流派に加わることのできる唯一現実的な手段は、9 を法として桁和を考えることである。ひとつの数が 9 を法として桁和に等しいことを思い起こすとよい。たとえば、10 は 1(mod 9) に等しいから、

$$
\begin{aligned}
3297 &= 3\times 10^3+2\times 10^2+9\times 10^1+7\times 10^0 \pmod 9\\
&= 3\times 1^3+2\times 1^2+9\times 1^1+7\times 1^0 \pmod 9\\
&= 3+2+9+7 \pmod 9
\end{aligned}
$$

である。

そこでいま、私たちの新たな修正した問題は以下の通りである：

> 2 の累乗で、最初の 2 の累乗と同じ桁数と 9 を法として同じ桁和をもった別の 2 の累乗があるようなものはあるか？

さて私たちは、ひとつの数が 9 を法としてその桁和に等しいという事実を使って、この問題をさらに言いなおすことができる：

> 2 の累乗で、最初の 2 の累乗と同じ桁数と同じ剰余（mod 9）をもった別の 2 の累乗があるようなものはあるか？

「桁数字の再配列」「桁数字の集合」「桁和」という厄介な考えは完全に除去されており、そのことが期待できそうに見えることに注意しよう。さて、2 の累乗の「桁和」を示したさきの表を修正すると、以下の結果が得られる。

	(mod 9)		(mod 9)		(mod 9)
2の累乗	剰余	2の累乗	剰余	2の累乗	剰余
1	1	256	4	65,536	7
2	2	512	8	131,072	5
4	4	1,024	7	262,144	1
8	8	2,048	5	524,288	2
16	7	4,096	1	1,048,576	4
32	5	8,192	2		
64	1	16,384	4		
128	2	32,768	8		

私たちが証明しなければならないことは、2の累乗のどの2つをとっても決して同じ剰余（mod 9）と同じ桁数をもつものがないことである。そこで、うえの表を見ると、同じ剰余をもった2の累乗がいくつかある：たとえば、1、64、4096、262144。しかしこれら4個のいずれも同じ桁数をもたない。それどころか、同じ剰余（mod 9）をもった2の累乗は互いに非常に離れているので、それらが同じ桁数をもつ望みはないように見える。そのうえ、同じ剰余をもつ2の累乗はまったく規則的に間隔をおいている、つまり、剰余（mod 9）が6段階ごとにくり返して現われることがわかる。この予想はモジュラー算術によって容易に証明することができる：

$$64=1 \pmod 9 \text{ なので、} 2^{n+6}=2^n2^6=2^n\times 64=2^n \pmod 9$$

この結果は、2の累乗の剰余が、循環小数のように、1, 2, 4, 8, 7, 5, 1, 2, 4, 8, 7, 5, 1, 2, 4, 8, 7, 5, … と無限にくり返して現れることを意味する。このことは今度は、同じ桁和（mod 9）をもった2個の2の累乗は少なくとも6段階は離れていなければならないことを意味する。しかしまた一方では、2の累乗はどうあっても同じ桁数をもつことはできない。なぜなら、一方は他方より少なくとも64倍は大きいからである。ゆえにこのことは、同じ桁数と同じ桁和（mod 9）をもった2個の2の累乗はないということを意味するのである。これで私たちは私たちの修正問題を証明した。ゆえに、私たちは最初の問題にたどりつくまでさかのぼってゆき、それから完全な解答を書きあげることができる：

［証明］ 2個の2の累乗が桁交換によって関係づけられると仮定する。このことは、それら2個の2の累乗が同じ桁数をもち、また同じ桁和（mod 9）をもつことを意味する。しかしこれらの桁和（mod 9）は周期6をもって周期的であり、任意の与えられた周期の範囲内にくり返しがない。したがって、それら2個の累乗は少なくとも6段階離れている。しかしその一方では、それらが同じ桁数をもつことは不可能である、よって矛盾する。 □

この問題は、問題のより使用不適で非友好的な部分がより自然で柔軟で協力的な概念ととり替えられるまでくり返し単純化された。このような単純化は少し行き当たりばったりの仕事になることがあり、過度の単純化もしくは誤った単純化をする（単純化しすぎて燻製ニシンになる）危険がつねにある。しかしここの問題では、ほとんどすべてのことが桁交換で時間を浪費することよりもよかったので、単純化は大きな害をもたらすことはなかった。妙策の実行や単純化によって骨折り損のくたびれもうけの危険はあるが、とにかくもし本当にゆきづまっているならば、何でもやってみるだけの価値はあるのだ。

2.2　ディオファントス方程式

ディオファントス方程式は、すべての変数が整数であるという制約をもった代数方程式である（古典的なひとつが $a^2+b^2=c^2$ である）。その通常の対象はこの方程式のすべての整数解を求めることである。一般に、たとえすべてが整数であっても、2つ以上の解がある。これらの方程式は代数的に解くことができるが、また、整数除法、モジュラー算術、整因数分解といった整数論的方法を用いることも可能である。ここにひとつを示す：

> **問題 2.3**（文献 3、p.15）　a および b の零でない整数値に対して、方程式 $1/a+1/b=n/(a+b)$（ここで $a+b\neq0$）を満たすような整数 n をすべて求めよ。

これはふつうのディオファントス方程式のように見えるので、私たちはおそらく分母をはらうことから始めることになるだろう。まず、

$$(a+b)/ab=n/(a+b)$$

を得て、それから、

$$(a+b)^2=nab \qquad (2)$$

を得る。さてつぎはどうする？　n を消去して、（問題 2.1 で用いた整除性の記号 | を使って）

$$ab\mid(a+b)^2$$

と主張するか、または nab が平方である事実に集中しようと試みることができる。これらの手法は結構だが、この問題にうまくいくようには思われない。式 (2) の左辺と右辺の関係は十分に強いものではない。一方は平方で、他方は積である。

問題を解くときに心に留めておかなければならないことのひとつは、面白い――だが実を結ばない――アプローチを一時的に放棄し、より見込みのあるアプローチを試みる心構えができていることである。この問題にとりかかるのに代数で試してみて、もしそれでうまくいかなかったとしても、あとで整数論を適用することができるだろう。(2) を展開し、項を集めて整理すると、

$$a^2 + (2 - n)ab + b^2 = 0$$

が得られる。もし二次方程式の解の公式を使うほど勇敢ならば、

$$a = \frac{b}{2}\left[(n - 2) \pm \sqrt{(n - 2)^2 - 4}\right]$$

が得られる。これは大変厄介なように見えるが、実はこの厄介さをこそ私たちの強みに変えることができるのである。私たちは a、b、c が整数であることを知っているが、この公式のなかに平方根がある。ところで、これがうまくいくのは、この平方根のなかの項 $(n - 2)^2 - 4$ が完全平方である場合に限る。しかしこのことは、ある平方がある平方より 4 小さいことを意味する。これは非常に限定的である。この 2 つの平方のあいだの隔たりは最初の二三個の平方のあと 4 より大きくなるので、n の小さな数を検証するだけでよい。結局、$(n - 2)^2$ は 4 でなければならないということになり、よって n は 0 または 4 である。さて、おのおのの場合を別々に検討して、おのおのの例をひとつ見つけるか、そのような例が存在しないという証拠を得ることができる。

<u>$n=0$ の場合</u>　この値を、たとえば (2) に代入すると、$(a+b)^2=0$ となり、ゆえに $a+b=0$ である。しかしこれは不可能である。これは最初の方程式を 0/0 にするので許されないからである。よって n は 0 ではない。

<u>$n=4$ の場合</u>　この場合も (2) に代入すると、$(a+b)^2=4ab$ となり、これは項をまとめると、$a^2-2ab+b^2=0$ になる。これを因数分解して $(a-b)^2=0$ が得られる。ゆえに a は b に等しくなければならない。これは矛盾ではなく、ひとつの例である。すなわち、$a=b$、$n=4$ は、もとの方程式 (2) に代入されたときうまくいく。

こうして私たちの答は $n=4$ であったが、それは二次方程式の解の公式というあまり洗練されてない方法によって得られた。それを使うのはふつう不器用なことであるが、この公式は、平方根の項をもち込むが、これが平方根内の項が完全平方でなければならないことを含意するので、ときには役に立つようになるのである。

ディオファントス問題は、変数のひとつが指数として現れると極端に難しくなることがある。そのようなもののうち最も有名なものはフェルマーの最終定理である。この定理は、$n>2$ のとき $a^n+b^n=c^n$ に自然数解がないと断言するのである。幸いにも、とり扱いがより容易な、指数を含むほかの問題がある。

> **問題 2.4**（文献 10、p.7）　n と x が整数のとき、$2^n+7=x^2$ の解をすべて求めよ。

この種の問題は、正しい考え方を見つけるのに試行錯誤を確かに必要とする。ディオファントス方程式の場合、最も初等的な方法はモジュラー算術と因数分解である。モジュラー算術は方程式全体をひとつの適当な法、ときには定数の法（たとえば、(mod 7)、(mod 16)）またはときには変数の法（たとえば、(mod pq)）に移す。因数分解はこの問題を（因数）×（因数）＝（何か好ましいもの）の形につくり変える。ここで右辺は、定数（可能な範囲で最良の結果となる）、素数、平方、ほかの限られた因数の選択をもつものである。たとえば、問題2.3では、モジュラー算術も因数分解も早い段階で検討されたが、代数的アプローチが支持されて両方とも捨てられた。代数的アプローチは、実は、変装した因数分解法のひとつである（結局のところ、$(n-2)^2-4=$ (平方)? が得られたことを思い起こそう）。

そこで、あとで堂々巡りにならないように、最初に初等的方法を試すのが最もよい。これらの方法を放棄して、

$$x=\sqrt{2^n+7}\approx 2^{n/2}$$

という近似方程式を解析しようとした人もいたかもしれないが、これは、連分数や、ペルの方程式、漸化式などの話題を含む容易ならない整数論に巻き込まれるおそれがある。それをするのは可能であるが、私たちは、上品な（すなわち、不精な）解決法を探すことにしよう。

役に立つ因数分解を得るのは、n が偶数のときを除いて、ほとんど不可能である。そこで私たちは、2つの平方の差をとって、

$$7=x^2-2^n=(x-2^m)(x+2^m)$$

のようにする（ディオファントス方程式で不可欠の因数分解）。ここで $m=n/2$。これから私たちは、$x-2^m$ と $x+2^m$ は、7の因数であるから、-7、-1、1または7でなければならない、と言うことができる。さらにいくつかの場合に分けると（もし n が偶数であると仮定すれば）解がないことがすぐに示される。しかしそれは因数分解法が私た

ちに告げることのできる精いっぱいのことであり、実際の解がどこにあり、それがいくつあるのかは私たちに伝えてくれない（いまでは私たちは、n が奇数でなければならないということを知っているけれども）。

モジュラー算術的アプローチがつぎである。この戦略は、法（モジュラス）を使ってひとつあるいはそれ以上の項をとり除くことである。たとえば、私たちは、x を法とする方程式を書いて、

$$2^n+7=0 \pmod{x}$$

を得るか、あるいは 7 を法として、

$$2^n = x^2 \pmod{7}$$

を得ることができる。あいにく、これらの方法は少しもうまくいかない。しかし、あきらめるのはまだ早い。もうひとつの法がまだ試されていない。私たちが消去しようと試みたのは「7」の項と「x^2」の項であったが、その代わりに「2^n」の項を消去することはできるのか。イエス、たとえば、mod 2 を選ぶことによって。こうして、$n>0$ のとき、

$$0+7 = x^2 \pmod{2}$$

が得られ、また $n=0$ のとき、

$$1+7 = x^2 \pmod{2}$$

が得られる。これはそんなに悪くない。私たちは n の役割をほとん

ど完全にとり除いたからである。しかし、これでもまだうまくはいかない。右辺の x^2 項が0か1でありうるので、どんな可能性も実際には排除していないからである。x^2 の値を限定するために、私たちは別の法を選ばなければならない。そこで、この思考の線に沿って——右辺の値を限定するために——法2の代わりに、法4を試みることが考えられる。すなわち、

$$2^n + 7 = x^2 \pmod 4$$

を考えるのである。言い換えれば、これは、

$$n > 1 \text{ のとき、} 0 + 3 = x^2 \pmod 4 \tag{3}$$

$$n = 1 \text{ のとき、} 2 + 3 = x^2 \pmod 4 \tag{4}$$

$$n = 0 \text{ のとき、} 1 + 3 = x^2 \pmod 4 \tag{5}$$

となる。x^2 は0 (mod 4) または1 (mod 4) でなければならないので、可能性 (3) はとり除かれる。このことは n が0か1でしかないことを意味する。ちょっと調べると、$n=1$ だけがうまくいき、x は $+3$ または -3 でなければならないことが示される。

「解をすべて求めよ」という形のディオファントス方程式を解くときの本来の趣旨は、有限個の可能性以外のすべてを除去することである。これは、なぜ (mod 7) と (mod x) がうまくいかなかったかのもうひとつの理由である。というわけは、もしもこれらがうまくいったならば、少数の場合以外のすべてを消去する (mod 4) アプローチと違って、すべての場合を消去してしまったはずだからである。

練習問題 2.2　$n^3 + 100$ が $n + 10$ で割り切れるような最大の正整数 n を求めよ。（ヒント：(mod $n+10$) を使う。$n = -10$ (mod

$n+10$) を用いることにより、n を消去する。)

2.3 累乗の和

問題 2.5（文献 6、p.74） 任意の負でない整数 n に対して、n が 4 で割り切れないときかつそのときに限り、$1^n+2^n+3^n+4^n$ は 5 で割り切れることを証明せよ。

この問題は最初は少し人をひるませるように見える。このような方程式は、長らく解決不能だったことで悪名が高いフェルマーの最終定理を連想させるかもしれないからだ。しかしこの問題はそれよりはずっとやさしいのである。私たちが示したいのは、ある数が 5 で割り切れる（または割り切れない）ことである。もし直接的な因数分解が明らかでなければ、法（モジュラス）アプローチを用いなければならないだろう。（すなわち、4 で割り切れない n に対しては $1^n+2^n+3^n+4^n=0 \pmod 5$ であり、そうでない場合には $1^n+2^n+3^n+4^n \neq 0 \pmod 5$ であることを示すことである。）

私たちがいま用いているのはこのような小さい数なので、$1^n+2^n+3^n+4^n \pmod 5$ の値のいくつかは手計算で求めることができる。これをおこなう最良の方法は、$1^n \pmod 5$、$2^n \pmod 5$、$3^n \pmod 5$、$4^n \pmod 5$ を個々に計算し、そのあとで加算することである。

(mod 5)

n	1^n	2^n	3^n	4^n	$1^n+2^n+3^n+4^n$
0	1	1	1	1	4
1	1	2	3	4	0
2	1	4	4	1	0

3	1	3	2	4	0
4	1	1	1	1	4
5	1	2	3	4	0
6	1	4	4	1	0
7	1	3	2	4	0
8	1	1	1	1	4

いまや、ある周期性が明らかなことは見てのとおりである。というより、1^n、2^n、3^n、4^n はすべて周期 4 をもって周期的である。この予想を証明するために、私たちは周期性の定義をただいじくりまわすだけでいいのである。

たとえば、3^n をとってみよう。これが周期 4 をもって周期的であるということは、

$$3^{n+4}=3^n \pmod 5$$

であることをまさに意味する。しかしこれの証明は、$81=1 \pmod 5$ だから、

$$3^{n+4}=3^n\times 81=3^n \pmod 5$$

と容易である。

同じようにして、1^n、2^n、4^n が周期 4 をもって周期的であることが証明できる。このことは $1^n+2^n+3^n+4^n$ が周期 4 をもって周期的であることを意味する。これが今度は、$n=0, 1, 2, 3$ に対して私たちの問題を証明すれば十分であることを示唆する。なぜなら、n のほかのすべての場合を周期性が引き受けてくれるからである。しかし、私たちの問題がこれらの場合に真であることはすでに示されている（うえの

表を見よ)。証明は終っているのだ。(ちなみに、もしnが奇数であると仮定するならば、より初等的な方法が使える。ただペアにして各項を消すだけである)。

ひとつのパラメータ(この場合にはn)を含む方程式を証明しようとするときはいつでも、周期性は重宝な道具である。パラメータのすべての値をチェックする必要がもはやないからである。ひとつの周期(たとえば、$n=0, 1, 2, 3$)をチェックすればそれで十分である。

> 練習問題 2.3　x、yが整数ならば、方程式$x^4+131=3y^4$は解をもたないことを示せ。

さて、累乗の和に関する、より巧妙な問題に向かおう。

> **問題 2.6**(文献 9、p.14)(**)　k、nは自然数で、kを奇数とする。和$1^k+2^k+\cdots+n^k$は$1+2+\cdots+n$で割り切れることを証明せよ。

ところで、この問題はベルヌーイ多項式(あるいは「剰余定理」の鋭敏な応用)の標準的な練習問題で、多くの応用面をもつ数学の面白い部分である。しかしベルヌーイ多項式(あるいはリーマンのゼータ関数)の大槌がなければ、私たちは簡素な旧来の整数論を使うしかないだろう。

まず第一に、私たちは$1+2+\cdots+n$が$n(n+1)/2$の形にも書けることを知っている。どちらの形を使えばいいか? 前者はより審美的であるが、整除性の問題にはちょっと役に立たない。(もし除数が和でなく積として表されているならば、話はつねによりやさしい。)もし$1+2+\cdots+n$を含む$1^k+2^k+\cdots+n^k$のよい因数分解があったならば役に立ったかもしれないが、それがない(少なくとも、明らかなものはない)。もし $1+2+\cdots+n$ による整除性を $1+2+\cdots+(n+1)$ による整除性に関係づける方法があったならば、(数学的) 帰納法がとるべき道であるかもしれないが、それもありそうにない。それで、私たちは代わりに $n(n+1)/2$ の定式化を試みることになる。

そこで、モジュラー算術(これはある数がほかの数を割り切ることを証明するための最も融通のきく手段である)を使うとすると、私たちの対象は、

$$1^k+2^k+\cdots+n^k=0 \pmod{n(n+1)/2}$$

を示すことである。さしあたりは $n(n+1)/2$ における「2」を無視しよう。すると私たちが証明しようとしているものは、

(因数 1)×(因数 2) | (式)

の形をした何かである。もしこの2つの因数が互いに素であれば、私たちの対象は、

(因数 1) | (式) および (因数 2) | (式)

の両方を別々に証明することと同値である。これによって証明するのがより簡単になるはずである。つまり、もし除数が小さいなら、それだけ整除性を証明するのがやさしいからである。しかし厄介な「2」がじゃまである。それを処理するために、n が偶数であるか奇数であるかによって、問題を2つの場合に分けることにする。この2つの場合は互いにまったくよく似ているので、ここでは n が偶数である場合だけを扱うことにする。この場合には、$n=2m$ と書ける(これは以下の方程式において面倒な $n/2$ の項を見つめるのを避けるためで、

このような家事整理的なことが問題解決を円滑に進めるのに役立つのではない)。すべての n を $2m$ でおき換えると、私たちが証明しなければならないものは、

$$1^k+2^k+\cdots+(2m)^k\equiv 0 \pmod{m(2m+1)}$$

ということになるが、m と $2m+1$ は互いに素であるから、これは、

$$1^k+2^k+\cdots+(2m)^k\equiv 0 \pmod{2m+1}$$

および

$$1^k+2^k+\cdots+(2m)^k\equiv 0 \pmod{m}$$

を証明することと同値である。最初に $(\mathrm{mod}\ 2m+1)$ 部分にとりかかろう。これは問題2.5にかなり似ているがそれよりは少しやさしい。それは、k が奇数とわかっているからである。法 $2m+1$ を使えば、$2m$ は -1 と同値であり、$2m-1$ は -2 と同値であり、…というようになるので、私たちの式 $1^k+2^k+\cdots+(2m)^k$ は、

$$1^k+2^k+\cdots+(m)^k+(-m)^k+\cdots+(-2)^k+(-1)^k \pmod{2m+1}$$

になる。このようにした結果、私たちはきれいな相殺をすることができる。k は奇数なので、$(-1)^k$ は -1 に等しい。ゆえに、$(-a)^k=-a^k$ である。要するに、うえの和はペアで相殺することができるということである。つまり、$2k$ と $(-2)^k$ が相殺され、3^k と $(-3)^k$ が相殺され、…というぐあいになり、要望どおり、$0 \pmod{2m+1}$ が残される。

さてつぎにとり組まなければならないのは、$(\mathrm{mod}\ m)$ 部分である。

すなわち、私たちは、

$$1^k+2^k+3^k+\cdots+(m-1)^k+(m)^k+(m+1)^k+\cdots+(2m-1)^k+(2m)^k=0 \pmod m$$

を示さなければならない。しかし私たちは m を法として話を進めているので、うえの各項のいくつかは簡約できる。m と $2m$ はどちらも $0 \pmod m$ と同値であり、$m+1$ は 1 と同値、$m+2$ は 2 と同値、…となる。ゆえにうえの総和は簡約されて、

$$1^k+2^k+3^k+\cdots+(m-1)^k+0^k+1^k+\cdots+(m-1)^k+0 \pmod m$$

になる。しかしいくつかの項は 2 度現れるので、組み合わせなおすと（そして 0 を捨てると）、

$$2(1^k+2^k+3^k+\cdots+(m-1)^k) \pmod m$$

が得られる。さて、m が偶数のときにちょっとしたひっかかりがあることを除けば、$(\mathrm{mod}\ 2m+1)$ の場合とほとんど同じことをおこなうことができる。もし m が奇数ならば、うえの式を

$$2(1^k+2^k+3^k+\cdots+((m-1)/2)^k+(-(m-1)/2)^k+\cdots+(-2)^k+(-1)^k) \pmod m$$

と定式化しなおして、まえと同じような相殺の手順を踏むことができる。しかし、もし m が偶数ならば（たとえば、$m=2p$）、どれとも相殺されない中央項 p^k がある。言い換えれば、この場合には、この式は直ちに 0 には崩壊せず、代わりに

$$2p^k \pmod{2p}$$

に簡約される。しかしこれはもちろん0に等しい。これで私たちは、m が奇数か偶数かにかかわらず、もし n が偶数ならば $1^k+2^k+3^k+\cdots+n^k$ が $n(n+1)/2$ で割り切れることを証明したのである。

練習問題2.4　n が奇数のときに起こることを片づけて、上記問題の証明を仕上げよ。

それでは、「累乗の和」問題の特別なタイプ、すなわち逆数の和にとりかかることにしよう。

問題2.7（文献9、p.17）　p を3より大きい素数とする。（既約）分数

$$1/1+1/2+1/3+\cdots+1/(p-1)$$

の分子は p^2 で割り切れることを示せ。たとえば、p が5のとき、この分数は $1/1+1/2+1/3+1/4=25/12$ となり、その分子は明らかに 5^2 で割り切れる。

これは「であることを示せ」あるいは「であることを証明せよ」問題であり、「を求めよ」問題でも「が存在することを示せ」問題でもないので、まったく手が出せないということはない。しかしながら、私たちは、ある既約分数の分子についての何かを証明しなければならない――容易にとり扱われる何かではない！　この分子は、よりうまく扱えるように、代数式のような、よりふつうのものに変形する必要があるだろう。また、この問題が必要としているのは、素数による整除性でなく、素数の平方による整除性なのである。これはかなり難しいことである。何とかしてこの問題を単なる素数整除性に帰着させて、より解きやすいものにしたいものである。

そういうわけで、問題の形から判断して、留意すべき対象は以下のようになるだろう：

(a) この分子を数式で表して、とり扱いのできるものにする。
(b) この問題を、p^2 – 整除性の問題から、より簡単なものへ、おそらく p – 整除性の問題へ帰着させることにねらいを定める。

最初に (a) にとり組もう。まず第一に私たちはひとつの分子を容易に得ることができるが、必ずしも既約分子とは限らない。ひとつの公分母のもとに各分子を合計することによって、

$$\frac{2\times 3\times\cdots\times(p-1)+1\times 3\times\cdots\times(p-1)+\cdots\times 1\times 2\times 3\times\cdots\times(p-2)}{(p-1)!}$$

が得られる。ここで、この分子が p^2 で割り切れることを何とか証明することができると仮定する。このことが、その既約分子もまた p^2 で割り切れることを証明するのにどのように役に立つのか？　ところで、この既約分子は何か？　それは分母による簡約後のもとの分子である。簡約は p^2 – 整除性の性質を破壊することがありえるのか？もし p の倍数が簡約されるならば、イエスである。しかし p の倍数は簡約されえない。なぜなら、この分母は p と互いに素であるから（p は素数であり、$(p-1)!$ は p より小さい数の積として表すことができる）。なるほど、そのことは、つまりうえの見苦しい分子が p^2 で割り切れることを証明すれば十分だということを意味するわけだ。これはほかの分子よりもうまくいく。なぜなら、いまや私たちは、解くべき方程式として

$$(2\times 3\times\cdots\times(p-1)+1\times 3\times\cdots\times(p-1)+\cdots+1\times 2\times 3\times \\ \cdots\times(p-2)=0 \pmod{p^2})$$

をもつことになるからである。（この場合もやはり、私たちはモジュラー算術に切り替えることになった。これは通常ある数がほかの数を割り切ることを示すための最良の手段である。しかしながら、もし問題が2つ以上の整除性、たとえば、ある数のすべての除数を含む何かにかかわっていれば、別の手法のほうがよいときもある。）

私たちはいまやひとつの方程式を手に入れたとはいえ、それは大変ごちゃごちゃしている。つぎの仕事はそれを単純化することである。いま左辺にあるのは、無限乗積の無限和である。（無限ととは、単に、数式中に点々々（…）があることを意味する。）しかしながら、私たちはこの無限乗積をもっとこぎれいに表すことができる。各無限乗積は、要するに、1から$(p-1)$までの数を、1と$(p-1)$のあいだにある1個の数（iとする）を除いて、一度にかけたものである。これは、$(p-1)!/i$と簡潔に表される。これは、iがp^2と互いに素であるから、p^2を法としてiで割り切れて当然である。こうして、いまや私たちの対象は、

$$\frac{(p-1)!}{1}+\frac{(p-1)!}{2}+\frac{(p-1)!}{3}+\cdots+\frac{(p-1)!}{p-1}=0\ (\mathrm{mod}\ p^2)$$

を証明することである。これを因数分解すると、

$$(p-1)!\left[\frac{1}{1}+\frac{1}{2}+\frac{1}{3}+\cdots+\frac{1}{p-1}\right]=0\ (\mathrm{mod}\ p^2) \qquad (6)$$

が得られる。（いま私たちはモジュラー算術を扱っていることを忘れないでおこう。それで1/2のような数はある整数と同値である、たとえば、1/2 = 6/2 = 3 (mod 5) である。）

ところで私たちがもっているものを見てみよう：つまり、それは

$$(\text{因数})\times(\text{因数})=0 \pmod{p^2}$$

の形のものである。もしモジュラー算術がなかったら、因数のひとつは0である、とすぐに言ったことであろう。モジュラー算術を使って、ほとんど同じことが言えるが、慎重であらねばならない。幸いにも、最初の因子 $(p-1)!$ は p^2 と互いに素であり（$(p-1)!$ は p と互いに素であるから）、ゆえにそれは割り切れる。要するに、(6) は、

$$\frac{1}{1}+\frac{1}{2}+\frac{1}{3}+\cdots+\frac{1}{p-1}=0 \pmod{p^2}$$

と同値である。（これは私たちの最初の問題に非常に似ていることに注意しよう。唯一の違いは、私たちが考えているのは分数全体であって、その分数の分子だけではないということである。しかし安易にひとつの形から別の形に飛び移ることはできない。上記の面倒な事柄は必要であった。）

いま私たちはこの問題をどちらかといえば良性に見えるモジュラー算術方程式の証明に帰着させた。しかしここからどこへゆくべきか？たぶんひとつの例が助けになるだろう。この問題において与えられた例と同じ例、すなわち $p=5$、をとろう。すると、要望どおり、

$$\begin{aligned}\frac{1}{1}+\frac{1}{2}+\frac{1}{3}+\frac{1}{4}&=1+13+17+19 \pmod{25}\\&=0 \pmod{25}\end{aligned}$$

である。しかしなぜこううまくいくのか？　4個の数1、13、17、19はでたらめのように見えるが、合計すると「魔法のように」正しい数になるのである。おそらくそれはまぐれ当たりだろう。$p=7$ を試してみよう。すると、

$$\frac{1}{1}+\frac{1}{2}+\frac{1}{3}+\frac{1}{4}+\frac{1}{5}+\frac{1}{6}=1+25+33+37+10+41 \pmod{49}$$
$$=0 \pmod{49}$$

これも同じ「まぐれ当たり」の雰囲気がある。なぜこうもうまくいくのか？　どうしてp^2を法としてすべてがうまく相殺されてしまうのか明らかではない。おそらく、対象(b)を思い出せば、まずpを法としてそれを証明することができる。つまり、最初に

$$\frac{1}{1}+\frac{1}{2}+\frac{1}{3}+\cdots+\frac{1}{p-1}=0 \pmod{p} \tag{7}$$

を証明しよう。ほかのことはともかく、これは何かすることを私たちに提供するだろう。（そのうえ、もしこの (mod p) 問題を解くことができなければ、(mod p^2) 問題を解きうる道はないのである。）

結局、より単純な問題(7)のほうがずっと容易に解けるということがわかる。たとえば、pが5のとき、

$$\frac{1}{1}+\frac{1}{2}+\frac{1}{3}+\frac{1}{4}=1+3+2+4 \pmod{5}$$
$$=0 \pmod{5}$$

となり、一方、pが7のときは、

$$\frac{1}{1}+\frac{1}{2}+\frac{1}{3}+\frac{1}{4}+\frac{1}{5}+\frac{1}{6}=1+4+5+2+3+6 \pmod{7}$$
$$=1+2+3+4+5+6 \pmod{7}$$
$$=0 \pmod{7}$$

となる。いまや、ひとつのパターンが浮上する。各逆数 1/1、1/2、…、$1/(p-1) \pmod{p}$ はすべての剰余 1、2、…、$(p-1) \pmod{p}$ をきっかり 1

回おおうように見える。たとえば、$p=7$ に対するうえの方程式において、数 $1+4+5+2+3+6$ は再配列すると $1+2+3+4+5+6$ という形になり、これは0である。もっと長たらしい例を調べると、(mod 11) は、

$$
\begin{aligned}
\frac{1}{1}+\frac{1}{2}+\cdots+\frac{1}{11} &= 1+6+4+3+9+2+8+7+5+10 \pmod{11}\\
&= 1+2+3+4+5+6+7+8+9+10 \pmod{11}\\
&= 0 \pmod{11}
\end{aligned}
$$

を与える。逆数がこのような規則正しい形に再配列されうることを示すこの戦術は、(mod p) の場合には実に整然とはたらくが、(mod p^2) へは容易に一般化されない。四角いブロックを丸い穴にぴったり収めようと四苦八苦する代わりに（きつく押し込めばできるであろうが）、丸っこいブロックを見つけるほうがもっとよい。ゆえに、いまここで私たちがしなければならないことは、$1/1+1/2+1/3+\cdots+1/(p-1)=0$ (mod p) のもうひとつの証明、つまり、(mod p^2) の場合へ少なくとも部分的に一般化されるもの、を見つけることである。

いまやこれらの種類の問題で得た経験を使うときである。たとえば、もし私たちが問題2.6を解いたばかりならば、対称性、あるいは反対称性が、とくにモジュラー算術において利用できることがわかっている。式(7)を証明する問題において、私たちは、$p-1$ を -1 でおき換え、$p-2$ を -2 でおき換え、…というようにして、

$$
\frac{1}{1}+\frac{1}{2}+\frac{1}{3}+\cdots+\frac{1}{p-1}=\frac{1}{1}+\frac{1}{2}+\frac{1}{3}+\cdots+\frac{1}{-3}+\frac{1}{-2}+\frac{1}{-1} \pmod{p}
$$

を得ることにより、この和を、より反対称的にすることができる。そしていま、私たちはペアを組ませて容易に相殺することができる（p は奇素数なので、ペアを組まない「中央項」はない）。同じことが

$(\bmod p^2)$ においてできるか？

答は「少しは」である。この問題 $(\bmod p)$ を解いたとき、私たちは $1/1$ と $1/(p-1)$ をペアに組み、$1/2$ と $1/(p-2)$ をペアに組み、…というようにペアに組ませた。同じ組合せを $(\bmod p^2)$ において試みると、私たちがいまや得るものはこうである：

$$\frac{1}{1}+\frac{1}{2}+\frac{1}{3}+\cdots+\frac{1}{p-1}$$
$$=\left(\frac{1}{1}+\frac{1}{p-1}\right)+\left(\frac{1}{2}+\frac{1}{p-2}\right)+\cdots+\left(\frac{1}{(p-1)/2}+\frac{1}{(p+1)/2}\right)$$
$$=\frac{p}{1\times(p-1)}+\frac{p}{2\times(p-2)}+\cdots+\left(\frac{1}{(p-1)/2\times(p+1)/2}\right)$$
$$=p\left[\frac{1}{1\times(p-1)}+\frac{1}{2\times(p-1)}+\cdots+\frac{1}{(p-1)/2\times(p+1)/2}\right](\bmod p^2)$$

さて、最初、これは簡約化というよりむしろ複雑化のように見える。しかし私たちは、右辺に p という非常に重要な因数を獲得している。そこで今度私たちが証明しなければならないものは、

$$(\text{式})=0\ (\bmod p^2)$$

である代わりに、

$$(p\times\text{式})=0\ (\bmod p^2)$$

のようなものということになる。これは、

$$(\text{式})=0\ (\bmod p)$$

の形のものを証明することと同値である。言い換えると、いまや私たちは (mod p^2) 問題の代わりに (mod p) 問題にまで引き下げられているのである。いまや私たちはうえで述べた対象 (b) を成し遂げた、つまり、最初の問題を、複雑さをわずかに増すだけの価値が十分ある、より小さい法の問題にまで引き下げたのである。

しかも、式の複雑さにおける見かけ上の増大がまったくの思い違いだったということがすぐにわかる。(mod p) は、(mod p^2) よりも多くの項を消去することができるからである。これであとは、

$$\frac{1}{1\times(p-1)}+\frac{1}{2\times(p-2)}+\cdots+\frac{1}{(p-1)/2\times(p+1)/2}=0 \pmod{p^2}$$

が成り立つことを示しさえすればよい。しかし、$p-1$ は -1 (mod p) と同値であり、$p-2$ は -2 (mod p) と同値であり、…というようになるから、この方程式は、

$$\frac{1}{-1^2}+\frac{1}{-2^2}+\cdots+\frac{1}{-((p-1)/2)^2}=0 \pmod{p}$$

に、あるいは同値的に、

$$\frac{1}{1^2}+\frac{1}{2^2}+\frac{1}{3^2}+\cdots+\frac{1}{((p-1)/2)^2}=0 \pmod{p}$$

に帰着する。左辺の級数があいまいな項 $1/((p-1)/2)^2$ で（より自然な $1/(p-1)^2$ ではなく）終わることを除けば、この方程式はそんなに悪くない。しかし私たちは $(-a)^2=a^2$ という事実を使って「二つ折り」にし、

$$\frac{1}{1^2}+\frac{1}{2^2}+\frac{1}{3^2}+\cdots+\frac{1}{((p-1)/2)^2}$$

$$
\begin{aligned}
&=\frac{1}{2}\left[\frac{1}{1^2}+\frac{1}{2^2}+\frac{1}{3^2}+\cdots+\frac{1}{((p-1)/2)^2}\right.\\
&\qquad\left.+\frac{1}{(-1)^2}+\frac{1}{(-2)^2}+\frac{1}{(-3)^2}+\cdots+\frac{1}{(-(p-1)/2)^2}\right] \pmod{p}\\
&=\frac{1}{2}\left[\frac{1}{1^2}+\cdots+\frac{1}{(p-1)^2}\right] \pmod{p}
\end{aligned}
$$

を得ることができる。ゆえに、$1/1^2+\cdots+1/((p-1)/2)^2$ が $0 \pmod{p}$ に等しいことを証明することは、$1/1^2+\cdots+1/(p-1)^2$ が $0 \pmod{p}$ に等しいことを証明することと同値であるということになる。後者のほうが、そのより対称的な形のために、より望ましいのである。(対称性は、その効能をフルに使いきるまでは維持するのがよく、一方、反対称性は、もちろん消去するのがよい。)

そこでいま、私たちは、

$$
\frac{1}{1^2}+\frac{1}{2^2}+\cdots+\frac{1}{(p-1)^2}=0 \pmod{p} \tag{8}
$$

を証明しさえすれば、問題全体を証明することになるのである。この定式化は、単なる p - 整除性を含むよりもはるかに強力な(よって、より証明しにくい)分子と p^2 - 整除性を含んだ最初のものよりも戦術的にずっとよい。

こうしていま私たちは戦術的目標をすべて達成し、問題を均整のとれたものに簡約した。しかしここからどこへいくのか? さて、この問題はいま検討していたもうひとつの問題 (7) と非常に密接に関係しているように見える。しかし私たちは堂々巡りをするつもりはない。私たちの現在の目標 (8) は最初の問題を含意するものであるが、(7) は単に副問題、つまり本問題の単純版のひとつにすぎなかった。堂々巡りというよりむしろ、私たちは解決に向かって螺旋状に進んでいるのである。すでに(7)の証明はすんでいる。(8)は同じ方法で証明できるか？

ところで、私たちは運がいい。なぜなら、(7)を解くのに使った方法が2つあったからである。ひとつは逆数の再配列であったし、もうひとつはペアの相殺であった。残念ながら、ペアの相殺は、(8)では(7)でのようにうまくいかない。理由は、主に、分母における各平方が反対称性よりも対称性をつくり出すためである。しかしこの再配列方法は見込みがある。さらにもう一度、$p=5$の例をとってみよう（以前の勉強の結果を再利用できる）。すなわち、

$$\begin{aligned}\frac{1}{1^2}+\frac{1}{2^2}+\frac{1}{3^2}+\frac{1}{4^2}&=1^2+3^2+2^2+4^2 \pmod{5}\\&=1^2+2^2+3^2+4^2 \pmod{5}\\&=0 \pmod{5}\end{aligned}$$

である。$p=5$のときにうまくいく方法は一般の場合に対する方法を示す。うえの例にもとづけば、剰余類1/1、1/2、1/3、…、1/(p－1) (mod p)はちょうど数1、2、3、…、(p－1) (mod p)の再配列であるように見える。この事実の証明はこの議論の終わりに与えられるだろう。こうして、私たちは、数$1/1^2$、$1/2^2$、$1/3^2$、…、$1/(p-1)^2$がまさしく数1^2、2^2、3^2、…、$(p-1)^2$の再配列であると言うことができる。換言すれば、

$$\frac{1}{1^2}+\frac{1}{2^2}+\frac{1}{3^2}+\cdots+\frac{1}{(p-1)^2}=1^2+2^2+3^2+\cdots+(p-1)^2 \pmod{p}$$

である。

これはとり扱いやすい式である。なぜなら、合計する際の厄介者である逆数をとり去ってあるからである。それどころか、いまや私たちは、この和を完全に始末することができる。それには、ありふれた公

式

$$1^2+2^2+3^2+\cdots+n^2+=\frac{n(n+1)(2n+1)}{6}$$

を用いる（この公式は数学的帰納法で容易に証明される）。こうして、私たちは(8)を簡約して、

$$\frac{(p-1)p(2p-1)}{6}=0 \pmod{p}$$

をまさに証明したのである。そして、p が 3 より大きな素数のとき、これが真であることは容易に示される（なぜなら、$(p-1)p(2p-1)/6$ はこの場合に整数であるから）。

というわけである。私たちは方程式を、ついにはゼロに崩壊するまで、より単純な定式化へ、より単純な定式化へと簡約し続けるのである。かなり長い道のりであるが、ときどきこれがこのような非常に複雑な問題を解決するための唯一の道、ステップ・バイ・ステップの（つまり段階的な）簡約なのである。

さてつぎは、逆数 1/1、1/2、…、$1/(p-1) \pmod{p}$ が数 1、2、…、$(p-1) \pmod{p}$ の順列であることの証明である。これは、おのおのの零でない剰余（mod p）が、唯一の零でない剰余（mod p）の逆数であると主張することと同値であり、このことは明白である。

練習問題 2.5　$n \geq 2$ を整数とする。$1/1+1/2+\cdots+1/n$ は整数で**ない**ことを示せ。（「ベルトランの仮説」が必要である。これは、任意の正の整数 n に対して、n と $2n$ とのあいだに少なくとも 1 個の素数があるという定理である。）

練習問題 2.6（*）　p を素数、k を $p-1$ で割り切れない正の整

数とする。$1^k+2^k+3^k+\cdots+(p-1)^k$ が p で割り切れることを示せ。（ヒント：k は偶数であってもよいので、相殺トリックが必ずしも使えるとは限らない。しかしながら、再配列トリックは有効であろう。a を Z/pZ の生成元とすれば、k が $p-1$ の倍数でないとき $a^k \neq 1 \pmod{p}$ となる。これから、式 $a^k+(2a)^k+\cdots+((p-1)a)^k \pmod{p}$ を2つの異なる方法で計算せよ。

3

代数と解析における例

これらの数学的公式は彼ら自身の独立した存在と知性をもつことを... 彼らは私たちよりも賢く、彼らの発見者たちよりもさらに賢いことを... もともと彼らに書き込まれたことよりも多くのものを私たちが彼らから得ることを、何人といえども感じないわけにはいかないのだ。

ハインリヒ・ヘルツ（F・J・ダイソンによる引用から）

代数学はたいていの人が数学で連想するものである。ある意味でこれは正しい。数学は、数的な、論理的な、あるいは幾何学的な、抽象的対象の学問であり、それらは注意深く選ばれたいくつかの公理の集まりに従っている。そして基礎的な代数学はこの数学の定義を満たすことのできる最も単純で意味のあるものについての学問である。わずか1ダースかそこらの公理があるだけであるが、それは体系を美しく対称的にするのに十分な数である。一例をあげれば、私の気に入りの代数恒等式は、

$$1^3+2^3+3^3+\cdots+n^3=(1+2+3+\cdots+n)^2$$

である。これは、一部分、最初の数個の立方（3乗）の和はつねに1個の平方（2乗）であることを意味する。たとえば、$1+8+27+64+125=225=15^2$。

しかし代数はひとつだけあるのではない。代数は、加法、減法、乗

法、除法の演算に関する数の学問である。たとえば、行列代数は、1個の数の代わりに数の集まりを用いる以外はふつうの代数とほとんど変わらない。ほかの代数はあらゆる種類の演算とあらゆる種類の「数」を用いるが、ときおり驚いたことに、ふつうの代数と同じ性質を多くもつきらいがある。たとえば、正方行列 A は、特殊な条件のもとで、代数方程式

$$(I-A)^{-1}=I+A+A^2+A^3+\cdots$$

を満たす。代数学は応用数学という大きな分野の基本的土台である。力学、経済学、化学、電子工学、最適化などの諸問題は、代数学と代数学の高等な形の微積分学で答えられる。というより、代数学は非常に重要なのでその秘密の大部分はすでに発見されており、したがって、高校カリキュラムに安心して入れられるのである。しかしながら、少数の宝石がまだあちらこちらで発見されるのである。

3.1 関数の解析

解析学もまた深く探究された分野であり、また代数学と同じくらい一般的である。本質的に、これは、関数とその性質についての学問である。この性質が複雑なほどそれだけ解析学も高いレベルということになる。解析学の最も低い形は、単純な代数的性質を満たす関数の研究である。たとえば、

すべての実数 m、n に対して、f は連続で、

$f(0)=1$ および $f(m+n+1)=f(m)+f(n)$ (9)

であるような関数 $f(x)$ を考え、それからこの関数の性質を推論する。たとえば、この場合に、うえの性質に従う関数 f がただひとつある。すなわち $f(x)=1+x$ である（これは練習問題にとっておこう）。これらの問題はどのように数学的に考えるかを学ぶためのよい方法である。なぜなら、使用できるデータはひとつか2つあるだけなので、進むべき明らかな方向があるからである。これはいわば「ポケット数学」である。そこでは、3ダースの公理と数え切れない何千もの定理の代わりに、わずかの「公理」（すなわち、データ）を用いるだけでいいのである。それにもかかわらず、それにはそれ特有の驚きがある。

練習問題 3.1　f は、(9) に従う実数から実数への関数とする。すべての実数 x に対して $f(x)=1+x$ であることを示せ。（ヒント：まず整数 x に対してこれを証明し、つぎに有理数 x に対して証明し、最後に実数 x に対して証明する。）

問題 3.1（文献 5、p.19）(*)　f は正の整数から正の整数への関数で、すべての正の整数 n に対し $f(n+1)>f(f(n))$ を満たすものとする。すべての正の整数 n に対して $f(n)=n$ であることを示せ。

この不等式は私たちが望むものを証明するには不十分のように見える。とにかく、どうすれば不等式から方程式を証明することができるのか？　この種のほかの問題（練習問題 3.1 のような）は、関数方程式を含んでいて、さまざまな置換や同類のものを適用して最初のデータを扱いやすい形へと段階的に操作することができるので、比較的とり扱いが容易である。ところがこの問題はまったく違うように見える。

しかしながら、もしこの問題を注意して読めば、ふつう実数上へ写像する関数方程式を含む大部分の問題と違って、この関数が整数値をとるということがわかる。このことを生かす直接的な方法のひとつは、うえの不等式をつぎのように「より強く」することである：

$$f(n+1) \geq f(f(n))+1 \tag{10}$$

さて私たちは何を推論できるかを見てみよう。このような不等式を扱う標準的な方法は、変数に適当な値を代入するやり方である。そこで $n=1$ から始めることにしよう：

$$f(2) \geq f(f(1))+1$$

一見しただけでは、これから $f(2)$ または $f(1)$ について多くはわからないが、右辺の $+1$ は $f(2)$ があまり小さくなれないことを暗示する。要するに、f が正整数上へ写像するので、$f(f(1))$ は少なくとも 1 でなければならず、ゆえに $f(2)$ は少なくとも 2 である。それならば、私たちは $f(2)$ が実際に 2 であることを示す必要がある。それで、私たちは方針は間違っていないことになるだろう。（あなたを対象により近づける戦術を使うことをつねに試みよう。横方向にゆくか、あるいは——ときには——あともどりするのは、利用可能な直接的アプローチをすべて使い尽してしまったときだけにせよ。）

ところで、$f(3)$ は少なくとも 3 であることを示せるか？　そこで、今度も (10) を用いて $f(3) \geq f(f(2))+1$ を得ることができる。うえと同じ論拠を用いて、$f(3)$ は少なくとも 2 であると言える。しかし何かもっと強いことが言えないか？　まえに私たちは、$f(f(1))$ は少なくとも 1 であると言った。たぶん、$f(f(2))$ は少なくとも 2 である。（いやそれどころか、私たちは、$f(n)$ が結局は n に等しいことを「ひそかに」知っているため、$f(f(2))$ は 2 **である**ことを知っている——が、私たちが証明しようとしているものをいま使うことはできないので、まだそれを事実として遣う事はできない。）こうした考えに沿って、(10) をさらにもう一度適用することができる：

$$f(3) \geq f(f(2)) + 1 \geq f(f(2) - 1) + 1 + 1 \geq 3$$

ここでは、私たちの式の n に $f(2) - 1$ を代入した。これはうまくいく。$f(2) - 1$ が少なくとも 1 であることを私たちはすでに知っているからである。

というわけで、私たちは $f(n) \geq n$ であることを推論できるようである。私たちは、$f(2)$ が少なくとも 2 であるという事実を用いて $f(3)$ は少なくとも 3 であることを証明したので、この一般的証明は帰納法のにおいが強い。

それでも帰納法には少し気をつけなければならない。$f(4) \geq 4$ であることを示すつぎの場合を考えてみよう。(10) から、$f(4) \geq f(f(3)) + 1$ であることがわかる。私たちは $f(3) \geq 3$ であることをすでに知っているので、$f(f(3)) + 1 \geq 4$ を結論できるように、$f(f(3)) \geq 3$ であることを推論したい。そうするために、私たちは「もし $n \geq 3$ ならば、$f(n) \geq 3$ である」という形の事実を手に入れたい。それをする最も簡単な方法は、いま証明しようとしているその種の事実を帰納法にゆだねることである。もっと正確に言えば、以下のことを示すことである。

［補題 3.1］　すべての $m \geq n$ に対して $f(m) \geq n$ である。

［証明］　私たちは n について帰納する。

- 基本ケース ($n = 1$)：これは明白である。私たちは $f(m)$ が正の整数であることを前提としている、よって $f(m)$ は少なくとも 1 である。
- 帰納ケース：この補題が n に対して成り立つと仮定して、すべ

ての $m \geq n+1$ に対し $f(m) \geq n+1$ であることを証明することにしよう。ところで、任意の $m \geq n+1$ に対し、(10) を用いて $f(m) \geq f(f(m-1))+1$ を得ることができる。いま $(m-1) \geq n$ であり、よって（帰納法の仮定により）$f(m-1) \geq n$ である。私たちはさらに進むことができる：$f(m-1) \geq n$ であるから、再び帰納法の仮定により $f(f(m-1)) \geq n$ である。ゆえに、$f(m) \geq f(f(m-1))+1 \geq n+1$ であり、この帰納法の仮定は証明される。 □

もし補題 3.1 を $m=n$ のケースへ特殊化するならば、私たちの副目標が得られる。すなわち、

$$\text{すべての正整数 } n \text{ に対して、} f(n) \geq n \tag{11}$$

である。さて、これからどうするか？　そう、すべての関数方程式問題の場合のように、いったん新しい結果をもちさえすれば、私たちはそれをいじくりまわし、それを以前の結果と再結合することを試みるべきである。私たちの唯一の以前の結果は (10) であり、そこで (10) に私たちの新しい式 (11) を代入することができる。こうして得られる唯一の役立つ結果は、

$$f(n+1) \geq f(f(n))+1 \geq f(n)+1$$

である。これは(11)において n を $f(n)$ でおき替えれば出てくる。言い換えれば、

$$f(n+1) > f(n)$$

これは非常に役立つ式である。つまりこれは f が増加関数であること

を意味する！（(10) からは明らかではないでしょう？）これは、$m>n$ のときかつそのときに限り、$f(m)>f(n)$ であることを意味する。これは、もとの不等式

$$f(n+1)>f(f(n))$$

が、

$$n+1>f(n)$$

として再定式化されうることを意味する。そしてこれは、(11) とともに、私たちが望んでいたものを証明する。

問題 3.2（文献 2、p.7）　f は、以下の性質の整数値をとる正の整数上の関数である：

(a)　$f(2)=2$
(b)　すべての正整数 m と n に対して、$f(mn)=f(m)f(n)$
(c)　$m>n$ ならば、$f(m)>f(n)$

$f(1983)$ の値を求めよ（もちろん、理由をつけて）。

さて私たちは特定の f の値を見つけなければならない。最良の方法は、$f(1983)$ の値はもちろん、f のすべての値を求めようとすることである（とにかく 1983 はまさにこの問題が出された年であるにすぎない）。もちろんこれは f の解がひとつしかないと仮定しているのである。しかしこの問題で暗黙なのは、ひとつだけ可能な $f(1983)$ の値があるという事実であり（さもなければ、2つ以上の答があることにな

る)、1983の平凡さのために、私たちはfにひとつだけの解があると合理的に予想できるのである。

それでは、fの性質はどのようなものか？　$f(2)=2$であることはわかっている。(b) のくり返し適用により、$f(4)=f(2)f(2)=4$、$f(8)=f(4)f(2)=8$、等々を得る。それどころか、簡単な帰納法により、すべてのnに対して$f(2^n)=2^n$であることが示される。ゆえに、xが2の累乗であるとき$f(x)=x$である。たぶん、すべてのxに対して$f(x)=x$であろう。これを (a)、(b)、(c) に入れもどすと、これがうまくいくことが示される。つまり、$f(x)=x$は、(a)、(b)、(c) のひとつの解である。したがって、もしfの解がひとつしかないと考えるならば、これがそれでなければならない。そこで私たちは、以下のより一般的な、しかしより明瞭な、問題を証明したほうがいいだろう：

> (a)、(b)、(c) を満たす正の整数から整数への唯一の関数は恒等関数である（すなわち、すべてのnに対して$f(n)=n$である)。

というわけで私たちは、もしfが (a)、(b)、(c) を満たすならば、$f(1)=1$、$f(2)=2$、$f(3)=3$、… であることを証明しなければならない。まず$f(1)=1$を証明することにしよう（関数方程式の場合には、問題の「感触」を得るためにまず小さい例から試すべきである)。さて、私たちは (c) によって$f(1)<f(2)$であることを知り、また$f(2)$は2であることを知っているので、$f(1)$は2よりも小さい。また (b) によって、($n=1$、$m=2$とおいて)

$$f(2)=f(1)f(2)$$

であり、こうして、

$$2=2f(1)$$

を得る。これは、要望どおり、$f(1)$ が1に等しくなければならないことを意味する。

私たちはいまや $f(1)=1$ と $f(2)=2$ を手にしている。$f(3)$ についてはどうか？　(a) は役に立たないし、(b) は $f(6)$ か $f(9)$ のようなほかの数を使って $f(3)$ を与えるだけなのでこれもあまり役に立たない。(c) は

$$f(2)<f(3)<f(4)$$

を与えるが、$f(2)$ が2で、$f(4)$ が4であるから、

$$2<f(3)<4$$

である。しかし2と4のあいだの唯一の整数は3である。よって $f(3)$ は3でなければならない。

これが私たちにひとつの手がかりを与える：$f(3)$ はそれが整数であるからこそ3であった（これがまえの問題 $f(n+1)>f(f(n))$? とどのように似ているかを見よう）。この制限がなければ、$f(3)$ は2.1とか3.5とか何でもありえたであろう。この手がかりがもっとしばしば使えるかどうかを見てみよう。

私たちはすでに $f(4)=4$ であることを知っているから、$f(5)$ の値を求めることにしよう。$f(3)$ に対してしたことがここでもできると期待して (c) を使うと、

$$f(4)<f(5)<f(6)$$

となる。さて $f(4)$ は4である。しかし $f(6)$ についてはどうか？　心配

無用！　6は2かける3であるから、$f(6)=f(2)f(3)=2\times3=6$ となる。ゆえに、$f(5)$ は4と6のあいだにあり、5でなければならない。これはうまくいっているようだ。私たちはすでに $n=6$ までの $f(n)$ の値をすべて計算した。

私たちは過去の結果を頼りにして新しい結果を手に入れているらしいから、この一般的な証明は帰納法のにおいが非常に強い。しかも私たちはひとつまえの結果だけでなく、いくつかまえの結果も使っているので、おそらく私たちに必要なのは**強い**帰納法であろう。

［補題3.2］　すべての n に対して $f(n)=n$ である。

［証明］　私たちは強い帰納法を用いる。まず基本ケースを調べる。$f(1)=1$ であるか？　イエス、これはすでに示してある。さて、$m\geq2$ と仮定し、また m より小さなすべての n に対して $f(n)=n$ と仮定する。私たちは $f(m)=m$ であることを示したい。いくつかの例を見れば、私たちはケースを m が偶数のときと奇数のときに分けなければならないことがまもなくわかる。

<u>ケース1：m が偶数である</u>　この場合には、ある整数 n に対して $m=2n$ と書くことができる。n は m より小さいので、強い帰納法の仮定によって $f(n)=n$ である。よって、要望通り、$f(m)=f(2n)=f(2)f(n)=2n=m$ である。

<u>ケース2：m が奇数である</u>　この場合には、$m=2n+1$ と書く。(c) によって、$f(2n)<f(m)<f(2n+2)$ である。強い帰納法によって $f(2n)=2n$ および $f(n+1)=n+1$ である。なぜなら、$n+1$ と $2n$ はどちらも m より小さいからである。ところで (b) により $f(2n+2)=f(2)f(n+1)=2(n+1)=2n+2$ であるので、私たちの不等式は

$$2n < f(m) < 2n+2$$

となり、ゆえに、要望どおり、$f(m)=2n+1=m$ である。したがって、どちらにしても帰納法の仮定は適用できる。 □

ということで、強い帰納法によって $f(n)$ は n にならざるをえないのである。ゆえに私たちの問題に答えるならば、$f(1983)$ は 1983 でなければならない。それでおしまい。

練習問題 3.2　問題 3.2 は、たとえ条件 (a) を、より弱い条件

(a′)　少なくとも 1 個の整数 $n \geq 2$ に対して $f(n)=n$

でおき換えてもなお解けることを示せ。

練習問題 3.3（*）　問題 3.2 は、たとえ $f(n)$ に単に整数であることはもちろん実数であることを許しても、なお解けることを示せ。（ヒント：まず、整数 n、m のさまざまな値に対して $f(2^n)$ と $f(3^m)$ を比較することにより、$f(3)=3$ を証明することを試みる。）追加の挑戦として、この仮定を用い、かつ、(a) を (a′)でおき換えて、問題 3.2 を解け。

練習問題 3.4（IMO 1986、問 5）（**）　f は非負実数上で定義され、以下の条件 (a)、(b)、(c) を満たすような、非負実数値をとる関数とする。

(a)　すべての負でない x、y に対して $f(xf(y))f(y)=f(x+y)$

(b)　$f(2)=0$

(c)　すべての $0 \leq x < 2$ に対して $f(x) \neq 0$

このような関数fをすべて求めよ。(ヒント：条件 (a) はこの関数の値の積を含み、また (b) と (c) はゼロまたは非ゼロの値をもつひとつの関数を含んでいる。さて、ひとつの積が0に等しいときに何が言えるか？)

3.2　多項式

多くの代数問題はひとつまたはそれ以上の変数の多項式に関係する。そこで、私たちはちょっと小休止してこれらの多項式に関するいくつかの定義と結果を思い出すことにしよう。

1変数の多項式関数は、(たとえばこれを$f(x)$とすると)

$$f(x)=a_nx^n+a_{n-1}x^{n-1}+a_{n-2}x^{n-2}+\cdots+a_1x+a_0$$

の形の関数である。あるいは、より形式的な表記法を用いて

$$f(x)=\sum_{i=0}^{n}a_ix^i$$

と書く。a_iは定数（本書ではつねに実数）であり、a_nはゼロでないと仮定される。nをfの**次数**とよぶ。

多くの変数をもつ多項式（たとえば3変数の多項式）は、1次元多項式ほどきれいな形をしていないが、それでも非常に有用なものである。とにかく、$f(x, y, z)$が

$$f(x)=\sum_{k,l,m}a_{k,l,m}x^ky^lz^m$$

の形をとるならば、それは3変数の多項式である。ここで$a_{k,l,m}$は

（実）定数であり、また総和記号（Σ）は $k+l+m \leq n$ となるように非負の k、l、m のすべてをおおい、また、ゼロでない $a_{k,l,m}$ の少なくともひとつは $k+l+m=n$ を満たすものと仮定される。ここでも n を f の**次数**とよび、次数2の多項式は2次多項式であり、次数3の多項式は3次多項式である。もし次数が0ならば、この多項式は自明なあるいは定数の多項式とよばれる。もしすべてのゼロでない $a_{k,l,m}$ が $n=k+l+m$ を満たすならば、f は**同次**であるという。同次多項式は、すべての $x_1, \cdots, x_m, t$ に対して、

$$f(tx_1, tx_2, \cdots, tx_m) = t^m f(x_1, x_2, \cdots, x_m)$$

という性質をもつ。たとえば、x^2y+z^3+xz は、3変数（x、y、z）の多項式であり、次数3をもつ。この多項式は同次ではない。なぜなら、xz 項の次数が2であるから。

もしすべての $x_1, \cdots, x_m, t$ に対して $f(x_1, \cdots, x_m)=p(x_1, \cdots, x_m)q(x_1, \cdots, x_m)$ ならば、m 個の変数の多項式 f は2つの多項式 p と q に**因数分解**されるといい、したがって、p と q は f の**因数**であるという。多項式の次数が因数の次数の和に等しいことは容易に証明される。もし非自明な因数に分解されえない多項式は**既約**多項式である。

多項式 $f(x_1, \cdots, x_m)$ の**根**《こん》は、$f(x_1, \cdots, x_m)=0$ となるように、ゼロの値を返す $(x_1, \cdots, x_m)$ の値である。1変数の多項式はその次数と同じ個数の根をもつ。実際、もし重根と複素根を数に入れるならば、1変数の多項式はつねにその次数と正確に同じ数だけ根をもつのである。たとえば、2次方程式 $f(x)=ax^2+bx+c$ の根は、よく知られている根の公式

$$x=\frac{-b \pm \sqrt{b^2-4ac}}{2a}$$

で与えられる。3次や4次の多項式にもそれぞれの根の公式があるが、

それらは非常に厄介で実際面ではそれほど役に立つものではない。5次およびそれ以上の多項式になると、初等的公式はまったく存在しなくなるのである！　また2つ以上の変数の多項式になるとさらに悪く、ふつう無限個の根があることになる。

ひとつの因数の根は、もとの多項式の根の部分集合である。これは、ある多項式が別の多項式を割り切るかどうかを決定するときに一片の有用な情報となる。とくに、$x-a$ が $f(x)$ を割り切るのは、$f(a)=0$ のときかつそのときに限る。なぜなら、a は $x-a$ の根であるからだ。とりわけ、1変数の任意の多項式 $f(x)$ と任意の実数 t に対して、$x-t$ は $f(x)-f(t)$ を割り切る。

さて、多項式に関するいくつかの問題にとり組もう。

問題 3.3（文献 3、p.13）　a、b、c は、方程式

$$\frac{1}{a}+\frac{1}{b}+\frac{1}{c}=\frac{1}{a+b+c} \tag{12}$$

を満たすような実数であるとする（ただし、分母はすべて零でない）。方程式

$$\frac{1}{a^5}+\frac{1}{b^5}+\frac{1}{c^5}=\frac{1}{(a+b+c)^5} \tag{13}$$

が成り立つことを証明せよ。

一見したところ、この問題はやさしく見える。実際、一片の情報が与えられているだけであるから、私たちが望んでいる結果へ直接つながる一続きの論理ステップがあるはずである。第一の方程式から第二の方程式を推論しようとする初期の試みは、まず(12)の両辺を5乗して、何か望む結果に似たものを得ることかもしれないが左辺にはまっ

たく厄介な項がある。ほかにこれといった操作はなさそうである。直接的アプローチはそれでおしまいにしよう。

再度見てみると、第一の方程式はうさんくさそうに見える。たいてい誤っているから使わないように高校生が警告される等式のひとつのようである。これが私たちに最初の実質的な手がかりを与える。つまり、第一の方程式は相当に a、b、c を制限しているはずである。方程式(12)を解釈しなおす価値はあるだろう。

公分母が好調なスタートをきるように見える。左辺の 3 つの逆数を結合して、

$$\frac{ab+bc+ca}{abc}=\frac{1}{a+b+c}$$

を得る。これをたすきがけして、

$$ab^2+a^2b+a^2c+ac^2+b^2c+bc^2+3abc=abc \tag{14}$$

を得る。この時点で、ここで使うことのできるさまざまな不等式が考えられるであろう：コーシー‐シュワルツ不等式、算術平均‐幾何平均、など（文献 7、pp.33–34）。もし a、b、c が正であるという制約があるならば、不等式を考えることはそれほど悪くないが、そのような制約はない。それどころか、もし a、b、c が正ならば $1/(a+b+c)$ は(12)の左辺の 3 つの逆数のどれよりも小さくなってしまうので、その条件は成り立たない。

(14)は(12)と同値であり、代数的により単純である（(14)は逆数を含まない）ので、(14)から(13)を推定しようと試みることはできる。今度も、直接的アプローチは実行できない。ふつう、ひとつの等式をいくつかのほかの等式から推論するための方法として直接的アプローチ以外に唯一考えられるのは、ある中間的な結果を証明するかまたは何

か役に立つ代入をするという方法である。

代入は適切であると思えない。つまり、方程式(12)または(14)はそのままで十分単純であり、代入がそれらをより単純にすることはないであろう。そこで、中間結果を推測してそれを証明することにしよう。最もよい種類の中間結果はパラメータ（媒介変数）化である。これは、望みの等式に直接代入することができるからである。パラメータ化する方法のひとつは、変数のひとつ、たとえば a について解くことである。方程式(14)は a について解くのが容易でないだろう（2次方程式の根の公式を用いるのをいとわない限りは）。方程式(12)は a について解けるので、あなたは a、b、c について順に解いてゆき、そして中間結果を推定することによって、私たちの問題を証明することができる（この中間結果はたまたま私が以下で与える結果と同値になる。でもそうなって当然でしょう？）。しかし私は何か別のことを試みるつもりである。

パラメータ化ができなくても、方程式(14)をただ書きなおすだけで、よりよい形にすることができる。(14)の解は本質的に多項式 $a^2b+b^2a+b^2c+c^2b+c^2a+a^2c+2abc$ の根である。多項式の根をとり扱う最もよい方法はその多項式を因数分解することである（逆の場合も同じ）。それら因数はどのようなものか？　私たちは(14)がともかくも(13)を含意していることを知っているので、結果として $5ab$ に導くであろう(14)の実行可能な形があり、多項式の唯一実行可能な形が因数への分解である、ということに自信満々でいるべきだ。しかしそれらが何であるかを発見するために、私たちは実験しなければならない。この多項式は同次であり、ゆえにその因数もまた同次でなければならない。この多項式は対称的であり、ゆえにその因数は互いに対称形でなければならない。この多項式は3次であり、ゆえに1次の因数がなければならない。私たちはいまや、$a+b$、$a-b$、a、$a+b+c$、$a+b-c$、などの形の因数を試みてみるべきである。($a+2b$ のようなものもうまくいくかもしれないが、そのようなのは「上等」とは言えないので、とにかく試みるのはあとでよい）。$a+b$ は、同様に $b+c$ と $c+a$ も、この3次多項式の根であることが（因数定理から）すぐに明らかになる。そこから、(14) が $(a+b)(b+c)(c+a)$ に因数分解可能であることは容易に確かめられる。このことは、$a+b=0$ か、$b+c=0$ か、$c+a=0$ かのいずれかのとき、かつそのときに限って、(12) が成り立つことを意味する。これらの可能なものをそれぞれ $5ab$ に代入すれば、目的を達成する。

練習問題 3.5　$a^3+b^3+c^3-3abc$ を因数分解せよ。

練習問題 3.5　$a+b+c+d=0$ および $a^3+b^3+c^3+d^3=24$ となるような、整数 a、b、c、d をすべて求めよ。（ヒント：これらの方程式の**いくつかの**解を推測することは難しくないが、解を**すべて**得ていることを示すために、最初の方程式を2番目の方程式に代入して因数分解する。）

多項式の因数分解、またはそれの不可能性は、数学の非常に面白い部分である。以下の問題は、解を求めるのに本書における大体すべての要領を用いるので大変ためになる。

問題 3.4（**）　$a_0, a_1, \cdots, a_n$ がすべて整数のとき、$f(x)=(x-a_0)^2(x-a_1)^2\cdots(x-a_n)^2+1$ の形の任意の多項式は、整数を係数とする2つの自明でない多項式に因数分解できないことを証明せよ。

これはどちらかといえば一般的な命題である。これは、たとえば、多項式

$$(x-1)^2(x+2)^2+1=x^4+2x^3-3x^2-4x+5$$

がほかの整数係数多項式に因数分解できない、ということを主張しているのである。どうすればこれを証明することができるか？

それではまず、$f(x)$ が 2 つの非自明な整数多項式 $p(x)$ と $q(x)$ に因数分解できると仮定しよう。すると、すべての x に対して $f(x)=p(x)q(x)$ である。なんだ大したことないね。しかし f がこの特別な性質をもっていることを思い出そう。つまり、何がしかの平方プラス 1 である。これをどう使うことができるか？　ところで、$f(x)$ はつねに正である（あるいは $f(x)\geq 1$ ですらある）ということは言えるが、$p(x)$ と $q(x)$ については、それらが同じ符号であるということ以外によくわからない。しかしながら、私たちはもうひとつデータをもっている。f はただふつうの古い平方プラス 1 ではない。この平方は線形因数の組合せの平方である。これらの $(x-a_i)$ を私たちに都合のいいように使うことができるか？

ところで私たちがもちうる最も上品な因数は 0 である。なぜなら、式全体を 0 にするからである（実は、0 の因数をもつことが最も避けたいことである場合もある。なぜなら、この因数はあなたが相殺したいと願っているものかもしれないからである）。$(x-a_i)$ が 0 になるのは、まさしく、x が a_i であるときである。ここでいい考えがある。つまり、x に a_i を代入するのである。すると

$$f(a_i)=\cdots(a_i-a_i)^2\cdots+1=1$$

が得られる。$p(x)$ と $q(x)$ にもどると、この結果は

$$p(a_i)q(a_i)=1$$

であることを意味する。これは何を意味するのか？　もし、p と q が整数係数をもつことと、a_i もまた整数であることを思い出さなかったならば、ほとんど意味はない。これは要するに、$p(a_i)$ と $q(a_i)$ がどちらも整数であるということである。したがって、私たちは、かけると1になる2つの整数をもつことになる。このようになるのは、この整数がどちらも1のときか、どちらも −1のときかのいずれかである。要するに、

$$p(a_i)=q(a_i)=\pm 1 \quad (i=0, 1, \cdots, n)$$

である。ここで ± 表記に少し気をつけなければならない。たとえば、$p(a_1)$ と $q(a_1)$ は互いに等しいが、$p(a_1)$ と $p(a_2)$ は、この時点でわかっている範囲では、同じ符号かまたは反対の符号をもつということである。

私たちは、事実上、$p(a_0), \cdots, p(a_n)$ と $q(a_0), \cdots, q(a_n)$ の値を求めてしまっているので、おのおのの多項式は n 個の点によって「固定」されている。しかし多項式はその次数と同じ数の自由度しかもたない。さて $pq=f$ なので、p の次数プラス q の次数は f の次数に等しく、それは $2n$ である。このことは、これら多項式のひとつ、たとえば p は、たかだか n の自由度をもつだけである。要約すれば、私たちは、たかだか n の自由度をもつが n 個の与えられた点のうえにあるべく制限されたひとつの多項式をもつのである。願わくはこれを利用して矛盾に導きたい。これが私たちがいま探し求めているものである。

たかだか自由度 n をもつ多項式について私たちは何を知っているか？　そう、それはたかだか n 個の根をもつ。p の根について何か知っているか？　そう、p は f の因数であり、よって p の根は f の根でもある。f の根は何か？　何もない！（そう、少なくとも実数線上には何もない）。f はつねに正（というより、つねに少なくとも1）であり、よって根をもつことができない。このことがつぎには p が根を

もてないことを意味する。多項式が根をもたないときそれは何を意味するか？　それはその多項式が決して0を横断しないこと、すなわち、符号を決して変えないことを意味する。言い換えれば、p はつねに正であるか、つねに負であるかのどちらかである。これから2つのケースが生まれるが、一方のケースが他方を含意するのを観察することによって少し労力を省くことができる。確かに、もし私たちが一方の因数分解 $f(x)=p(x)q(x)$ をもつならば、自動的にもう一方の因数分解 $f(x)=(-p(x))(-q(x))$ をもつ。ゆえに、もし p がつねに負であれば、私たちはつねにその因数分解を反転させて p がつねに正である新たな因数分解で終えることができる。

そういうわけで、一般性を失わずに、このあと私たちは p がつねに正であることにする。私たちは $p(a_i)$ が $+1$ か -1 であることをすでに知っているし、いまではそれが正であることも知っているので、$p(a_i)$ はすべての i に対して $+1$ でなければならない。また $q(a_i)$ は $p(a_i)$ に等しくならざるをえないので、$q(a_i)$ もまたすべての i に対して $+1$ である。さてつぎは？

そう、$p(x)$ と $q(x)$ は少なくとも n 回は $+1$ の値を引き受けざるをえない。このことを根の観点から言い換えると、つぎのようになる：$p(x)-1$ と $q(x)-1$ は少なくとも n 個の根をもつ。しかし $p(x)-1$ はたかだか n の次数をもつ。なぜなら、$p(x)$ 自身がたかだか n の次数をもつからである。このことは、$p(x)-1$ が n 個の根をもつことができるのは、$p(x)-1$ がぴったり次数 n をもつときに限るということを意味する。このことがつぎには、$p(x)$ が次数 n であり、よって $q(x)$ もまた次数 n であることを意味する。

ここまでのところ私たちが知っていることをまとめてみよう。私たちは $f(x)=p(x)q(x)$ であると仮定してきた。p と q はどちらも次数 n の正整数（係数）多項式であり、すべての i に対して $p(a_i)=q(a_i)=1$ か、あるいはその代わりに、$p(a_i)-1=q(a_i)-1=0$ である。いまや私たち

は $p(x)-1$ の根を知っている：それらは a_i（複数個）である。$p(x)-1$ の根はそれらだけである。なぜなら、$p(x)-1$ は根をたかだか n 個しかもてないからである。このことは、$p(x)-1$ が

$$p(x)-1=r(x-a_1)(x-a_2)\cdots(x-a_n)$$

の形であり、同じように $q(x)-1$ が

$$q(x)-1=s(x-a_1)(x-a_2)\cdots(x-a_n)$$

の形であることを意味する。ここで、r と s は定数である。r と s についてもっと求めるために、p と q が整数多項式であることを思い出そう。$p(x)-1$ の主係数［最高次の係数］は r であり、$q(x)-1$ の主係数は s である。このことは r と s が整数でなければならないことを意味する。

さてここで、$p(x)$ と $q(x)$ に対するこれらの式を、私たちの最初の式 $f(x)=p(x)q(x)$ に適用すると、

$$\begin{aligned}(x-a_1)^2(x-a_2)^2\cdots(x-a_n)^2+1=&(r(x-a_1)(x-a_2)\cdots(x-a_n)+1)\\ &\times(s(x-a_1)(x-a_2)\cdots(x-a_n)+1)\end{aligned}$$

を得る。この方程式は、明示的に定義された２つの多項式を比較している。いまなすべき最良のことは係数を比較することである。

x^n の係数を比較すると、$1=rs$ が得られる。また r と s は整数だから、これは $r=s=+1$ か $r=s=-1$ を意味する。最初に $r=s=+1$ と仮定しよう。すると私たちの多項式方程式は

$$(x-a_1)^2(x-a_2)^2\cdots(x-a_n)^2+1=((x-a_1)(x-a_2)\cdots(x-a_n)+1)$$

$$\times((x-a_1)(x-a_2)\cdots(x-a_n)+1)$$

となる。これを展開して相殺すると、

$$2(x-a_1)(x-a_2)\cdots(x-a_n)=0$$

となり、これはばかげている（これはすべての x に対して成立しなければならない）。$r=s=-1$ の場合も同様である。証明終わり。

練習問題 3.7　多項式 $f(x)=(x-a_1)(x-a_2)\cdots(x-a_n)+1$ は、a_i を整数とするより小さい 2 つの整数多項式に因数分解できないことを証明せよ。（ヒント：$f(x)$ が 2 つの多項式 $p(x)$ と $q(x)$ に因数分解されると仮定して、$p(x)-q(x)$ を調べる。この特別な戦略はうえの問題 3.4 にも適用できるが、結局その場合には少し効果が薄いということがわかる。）

練習問題 3.8　$f(x)$ を整数係数をもつ多項式とし、a、b を整数とする。a、b が引き続く整数のとき、$f(a)-f(b)$ は 1 に等しくなるしかないことを示せ。（ヒント：$f(a)-f(b)$ を因数分解する。）

4

ユークリッド幾何学

アイスキュロスが忘れ去られてもアルキメデスは記憶されることだろう。なぜなら言葉は滅んでも数学的な考えは滅びないからだ。

G・H・ハーディ『一数学者の弁明』

ユークリッド幾何学は、多少なりとも現代的流儀で扱うことのできる（公理、定義、定理などをもつ）数学の最初の分科であった。いまもなお、幾何学は非常に論理的かつ緊密な方法で研究されている。ところが一方、いくつかの基本的な結果があり、それらを使って幾何学的な対象と考えについての問題を組織的にとり組んで解決することができる。こうした考え方が極端にまでとられるのが座標幾何学であり、そこでは、点、線、三角形、円は2次式の散らかった山に変換され、幾何学はぞんざいに代数学へと変えられるのである。しかし幾何学の真の美しさは、明らかでないように見える事実が、明らかな事実をくり返し適用することによって、紛れもなく真であることをいかにして示すことができるか、という点にあるのである。たとえば、タレスの定理を見てみよう（ユークリッドの『原論』Ⅲ 31）：

［定理 4.1］（タレスの定理）　円の直径を見込む円周角は直角である。言い換えると、下図において、$\angle APB = 90^\circ$ である。

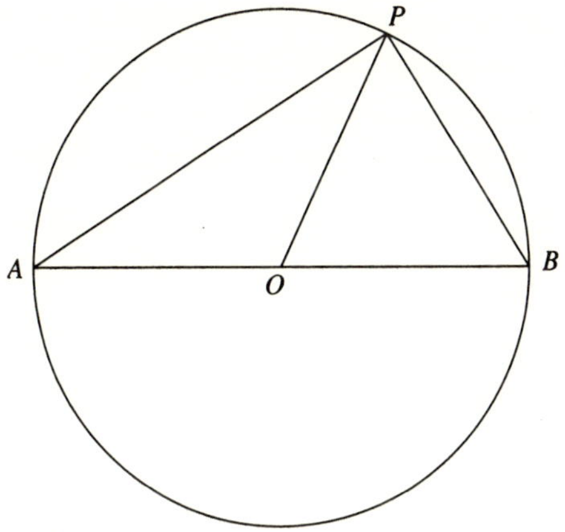

［証明］　もし線分OPを引くならば、この三角形は2つの二等辺三角形に分けられる（なぜなら、$|OP|=|OA|$および$|OP|=|OB|$であるから。ここで$|AB|$は線分ABの長さを表す）。二等辺三角形の底角は等しいこと、そして三角形の3つの角の和は180°であるという事実を用いると、

$$\angle APB=\angle APO+\angle OPB=\angle PAO+\angle PBO=\angle PAB+\angle PBA$$
$$=180^\circ-\angle APB$$

が得られる。よって角APBは直角でなければならない。　□

幾何学はこのようなことで満ちあふれている。結果はあなたが図を描いて角と長さを測ってチェックできるが、しかし、四辺形の4つの辺の中点はつねに平行四辺形をつくるという定理のように、すぐに明らかとわかるわけではない。これらの事実には何か人を引きつけるものがある。

問題 4.1（文献 3、p.12）　ABC は円に内接する三角形である。角 A、B、C の二等分線はその円とそれぞれ D、E、F で出合う。AD は EF に垂直であることを示せ。

最初の一歩はもちろんまず絵を描いて、適当な場所の名前をつけることである：

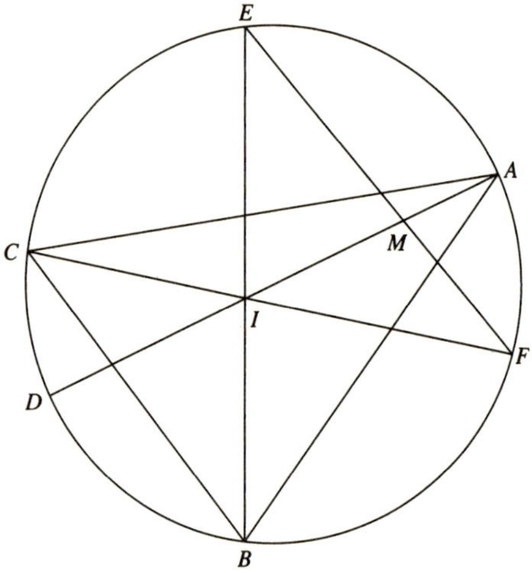

ここで勝手に、内心を I（すべての二等分線の交点で、重要になりそうである）、そして AD と EF の交点を M（これが私たちの直角を証明したい場所である）とよぶことにする。こうして、いまや私たちの対象をひとつの方程式として書くことができる。私たちは、$\angle AMF=90°$ であること示したいのである。

これは実行可能に見える問題である。図を描くのは容易であり、結論は図からかなり明白である。そのような問題に対しては、直接的アプローチがきっとうまくいくに違いない。

私たちに必要なのは点 M での角度を計算することである。一見したところでは、M はむしろ平凡な点である。しかしいくつかのデータを書き入れたあと、おもに、3つの角の二等分線やその周辺の三角形や円のために、私たちはすでにその他の角をたくさんもっていることがわかる。もしかすると、十分な数の角を見出すだけで私たちは $\angle AMF$ を決定できるかもしれない。何といっても、使われるのを待っている定理がごっそりあるのだ。たとえば、三角形の角の和は 180° になる、ひとつの弦に対する円周角はつねに同じである、3つの角の二等分線は1点に集まる、など。

まず出発点となる角が必要である。「主たる」三角形を ABC とし、すべての角二等分線や円その他がこの三角形をめぐって展開するものとすると、角 $\alpha=\angle BAC$、$\beta=\angle ABC$、$\gamma=\angle BCA$ からスタートするのが最もよいであろう（伝統的にギリシア文字を使って角を表記する）。もちろん、$\alpha+\beta+\gamma=180°$ である。私たちはまたほかの角をいくつも書き込むことができる：たとえば $\angle CAD=\alpha/2$。（自分で図形のスケッチを描いて角を書き込むのが一番いい）。つぎに、三角形の角の和は 180° である事実を用いて、いくつかの内部の角を計算することができる。たとえば、もし I が ABC の内心（AD、BE、CF の交点）ならば、三角形 AIC を考えることにより、$\angle AIC=180°-\alpha/2-\gamma/2$ であると簡単に言うことができる。それどころか、事実上すべての関連する角を得ることができる——ただし、私たちが本当に欲しいと思う M での角を除いて。そこで私たちは何とかして、M に関係のない角を使って M での私たちの求める角を表さなければならない。実は、これはやさしいのである。たとえば、私たちが 90° であってほしいと望む $\angle IMF$ は、

$$\angle IMF=180°-\angle MIF-\angle IFM=180°-\angle AIF-\angle CFE$$

のように書くことができる。これは前進である。なぜなら $\angle AIF$ と

$\angle CFE$ はずっと容易に計算されるからである。実際に、

$$\angle AIF = 180° - \angle AIC = \alpha/2 + \gamma/2$$

であり、また等しい弦には等しい円周角が対するので、

$$\angle CFE = \angle CBE = \beta/2$$

である。よって、要望通りに、

$$\angle IMF = 180° - \alpha/2 - \beta/2 - \gamma/2 = 180° - 180°/2 = 90°$$

となる。

これはいくつかの幾何学的問題を解くための楽しいやり方である。つまり、角を計算するだけである。角はふつう辺よりも計算が容易であり（辺には、骨折って進まなければならないもろもろの不快な正弦法則や余弦法則がある)、また法則を思い出すのもよりやさしい。角は辺の長さに言及しない問題として最良であり、いじくるべき多くの三角形と円があり、ときには二等辺三角形さえも加勢してくれる。しかし、もっと多くのあいまいな角を得なければならないときには、ふつう非常に多くの他の角を計算しなければならなくなる。

問題 4.2（文献 10、p.8、Q1）　三角形 ABC において、角 B の二等分線は D で AC に出合い、角 C の二等分線は E で AB に出合う。これらの二等分線は O で出合う。$|OD|=|OE|$ と仮定する。$\angle BAC=60°$ であるか、BAC が二等辺三角形であるかのいずれかである（あるいは両方である）ことを証明せよ。

私たちはまず絵を描くべきである。OD と OE を同じ長さにしなければならないので少しやりにくいが、ABC を二等辺三角形にするか $\angle BAC=60^\circ$ にしてちょっとカンニングしよう（とにかくそうなることはわかっているので）。これには以下のように2つの配図が考えられる：

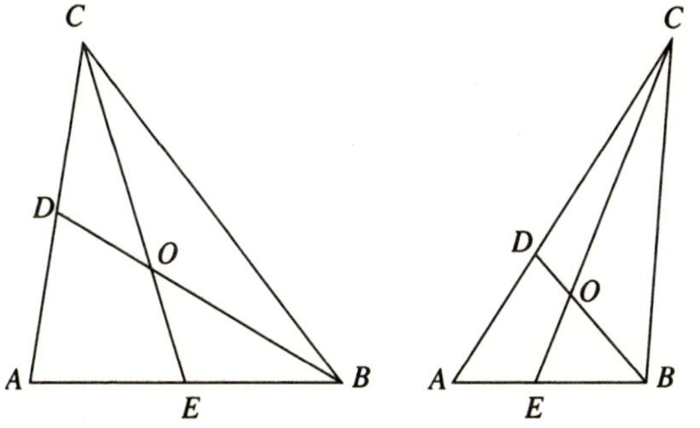

私たちはたった1個のデータを使って外見が奇妙な結果を証明したい、つまり $|OD|=|OE|$ だけから私たちの三角形について2つの性質の選択を証明したいと思っている。しかしどちらの性質も角に関連している（二等辺三角形は等しい底角をもち、二等分線は明らかに角に関連している）ので、これは角の問題であると見なせる（とにかく、最初は）。

いったんこの問題を角で攻めると決めた以上、あとは、与えられたデータ $|OD|=|OE|$ を角の観点から言いなおすことが残っている。明らかな方法は、ODE が二等辺三角形であるから、$\angle ODE=\angle OED$ であると言うことである。これは期待できそうに見えるかもしれないが、$\angle ODE$ と $\angle OED$ を任意の他の角と同等と見なすことはきわめて難しい。とりわけ、私たちはそれらの角が角 $\alpha=\angle BAC$、$\beta=\angle ABC$、$\gamma=\angle ACB$ の観点からのものであってほしいと思う。なぜな

ら私たちは$\beta=60°$か$\alpha=\gamma$かのどちらかを証明したいからである（また、ABCは「主たる」三角形である。つまり、他の点すべてがこの三角形に端を発している。それは論理的基準座標系であり、すべての量がこの主たる三角形に関していなければならない）。しかし辺を角に言い換えるための他の方法がある。

ODとOEを見てみよう。私たちはこれらの長さを角α、β、γに関係づけたいのである。辺と角を関係づけるための方法はいくつかある。少し述べるだけでも、三角法、相似三角形、二等辺三角形、正三角形、正弦および余弦法則がある。三角法は直角と円を必要としており、私たちはそれらの多くをもたない。相似三角形も少ないし、二等辺三角形のアプローチはすでに考慮した。余弦法則は問題を単純化するよりむしろ複雑にするのがふつうであり、より多くの知られていない長さをつくり出すのがおちである。こうしてやっと正弦法則が実行可能な選択肢として残ることになる。結局のところ、正弦法則が辺を角にまさに直接に関係づけるのである。

ところで、正弦法則を使うためには、ひとつか2つの三角形が必要である。なるべくなら、ODとOEを含んでいて、既知の角を多くもつ三角形がよい。うえの図を見ながら角を測り分けてみると、AOD、COD、AOE、BOEの4つの三角形が使えそうだとわかる。三角形AOEとAODは1辺を共有しており、これが問題をより単純にするはずなので、まずこれらの三角形から試してみよう（つねに、つながりを探してみよう。2つの量が等しいことを知っても、それらを何らかの形で連結しない限り、役に立たないであろう）。私たちは6つある点のうち4つ（A、D、E、O）を見ているだけなので、それら4点を扱うために簡略図を描くことにしよう（しょせん、不要なゴミを相手にする必要はないのだ）。

私たちは$\angle EAO=\angle DAO=\alpha/2$であることを知っており、また三角形の角の和は180°という事実によって、$\angle AEO=180°-\alpha-\gamma/2=\beta$

$+\gamma/2$ を計算することができる。同様にして、$\angle ADO = 180° - \alpha - \beta/2 = \gamma + \beta/2$ を得る。A、D、E、O を関係づけるさらに二三の角を書き込むこともできるので、最終的に私たちの簡略図は下図のようなものになる（見やすいように、AO を水平に回転して膨らませてある）：

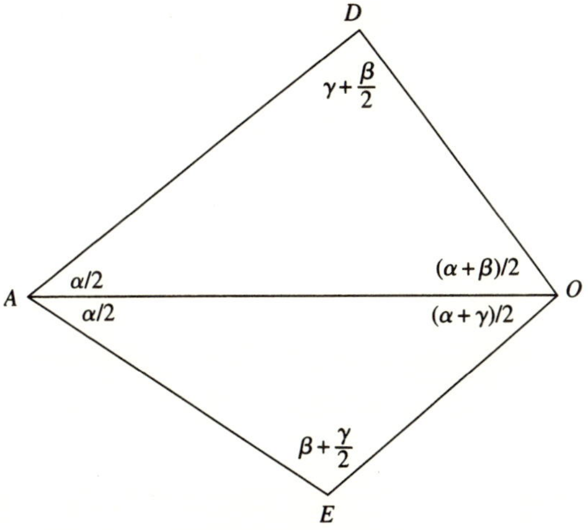

さあこれで私たちは正弦法則を用いることができる。$|OD|$ と $|OE|$ に対する実行可能な数式を得るために（これが、なぜ私たちが最初に正弦法則を欲しいと思ったかの理由である）、

$$\frac{|OD|}{\sin(\alpha/2)} = \frac{|OA|}{\sin(\gamma + \beta/2)} = \frac{|DA|}{\sin(\alpha/2 + \beta/2)}$$

および

$$\frac{|OE|}{\sin(\alpha/2)} = \frac{|OA|}{\sin(\beta + \gamma/2)} = \frac{|EA|}{\sin(\alpha/2 + \gamma/2)}$$

と言うことができる。いまや私たちが方程式をもったからには、私た

ちの与えられたデータ $|OD|=|OE|$ が何か役立つものに変ずるかもしれない。長さ $|OA|$ はうえの方程式のどちらにも現れるので、おそらく $|OA|$ の観点から $|OD|$ と $|OE|$ を書いたほうがよいのだろう。そうすると、

$$|OD|=|OA|\frac{\sin(\alpha/2)}{\sin(\gamma+\beta/2)}$$

および

$$|OE|=|OA|\frac{\sin(\alpha/2)}{\sin(\beta+\gamma/2)}$$

となる。そこで、$|OD|=|OE|$ となるのは、$\sin(\gamma+\beta/2)=\sin(\beta+\gamma/2)$ のときに限る（実は、$\sin(\alpha/2)=0$ のような、つまらない場合も可能性としてあるが、このような状況は極端に退化のケースに存在するだけだということはすぐにわかるので、このような異常なケースは容易に別途処理される。しかしこうした状況はつねに警戒すべきであることを憶えておこう）。

私たちはいま、辺についての等式を角についての等式に変えたのである。さらに重要なことには、これらの角は私たちの対象（これは角 α、β、γ を含む）に直接的に関連しているので、私たちは正しい方向に向かって進んでいるに違いないということである。この問題はいまやほとんど完全に代数的である。

とにかく、2つの正弦は等しい。これは2つのことを意味する。つまり、

$$\gamma+\beta/2=\beta+\gamma/2$$

または

$$\gamma+\beta/2=180^\circ-(\beta+\gamma/2)$$

である。私たちは私たちの対象にますます近づいている。正弦が消え去り、そして「または」を含む言明を初めて手に入れた。いまや、1番目のケースは $\beta=\gamma$ に導かれるが、一方、2番目のケースは $\beta+\gamma=120^\circ$、よって $\alpha=60^\circ$ に導かれることを見るのは難しくない。私たちは不思議なことに思いがけず私たちの対象に出会ってしまったのである。

こうして私たちは望みをかなえるのである。ときおり、私たちは、与えられたデータにまさしく飛びかかり、私たちの対象によく似た方程式（この場合には、角 α、β、γ を含むもの）にそれをたたき込み、それから単純な代数を適用して私たちの望むものに変えることができるのである。この方法は**直接的**または**前進的アプローチ**とよばれるもので、このアプローチがうまくいくのは、対象が計算容易な問題部分を含む単純な関係であるようなときである。なぜなら、そのようなときに、私たちは、データを段々と単純化してますます対象に似たものへと変形することによって、どのように問題に近づくべきかの考えをもつことができるからである。対象がはっきりしていないときは、どの方向を試みるべきかを知るまえに、私たちは対象を変形しなければならないかもしれない。それをつぎの問題で示そう：

問題 4.3（文献 3、p.13）(*)　$ABEF$ を長方形とし、対角線 AF と BE の交点を D とする。E を通る直線が AB の延長線と点 G で交わり、FB の延長線と点 C で交わっていて、$|DC|=|DG|$ となっている。このとき、$|AB|/|FC|=|FC|/|GA|=|GA|/|AE|$ であることを示せ。

幾何学的な問題は、前進的（辺と角を体系的に測る）か、逆進的（最終結果を、同値であるがより取扱いの容易なものに変える）かのいずれかのアプローチでとり組まれる。簡単に図を描いて結論を推測することは役に立つが、いまの場合には図を描くのはかなり難しい。強いて$|DC|=|DG|$になるようにするにはどうすればいいか？　少しの試行錯誤をすれば（また結論の$|AB|/|FC|=|FC|/|GA|=|GA|/|AE|$をのぞき見すれば）、そのうち、下図のようなまずまずの絵を描くことができるだろう：

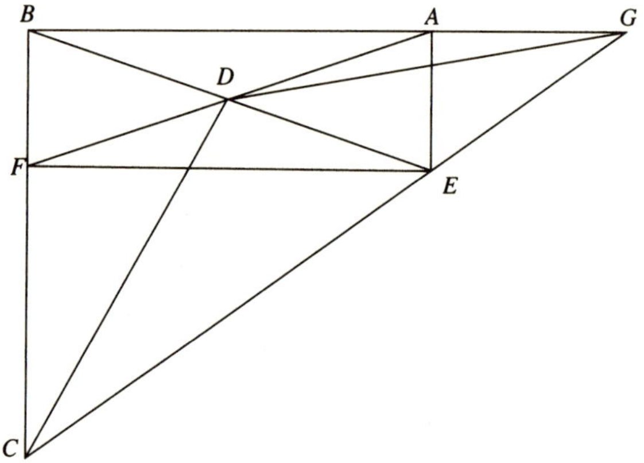

前進的アプローチを試みてみよう。めったやたらと切りまくる座標幾何学は、長くて退屈な方法であり、底なしの混乱状態と大きな間違いに陥ってしまうきらいがある。それを試みるのは最後の手段ということにしよう（Aにおける直角が原点と座標軸をおくための魅力的な位置のように見えるけれども）。ベクトル幾何学もまた$|DC|=|DG|$のような等式によく適合しているわけではない（しかしそれでもベクトル版のほうがふつう座標幾何版よりしっくりいくのである）。直線と角を測ることについてはどうか？　私たちはその長方形に４つの直

角があることを知っているだけであり、私たちはまた $|DC|=|DG|$ であることも知っている。したがって、もしかしたら DCG は二等辺三角形であるが、それは多くを語らない。D から CG へ垂線を下ろすとか、ほかの同様な作図をしてもたいして役に立たない（あとで見るように、ある種の作図は助けにはなるが、それは間違いなく前進的アプローチにおいて直観的に自明でない）。

それでは逆進的アプローチでいこう。私たちが証明したいものは、3つの比が互いに等しいということである。これは相似三角形を暗示する。私たちは、たとえば AB と FC から三角形をつくることができるか？　むりだね。しかし FE と FC からなら三角形をつくれるし、FE は長さが AB に等しい。いったんひとつの三角形を認識してしまえば、ほかの2つはあまり難しくないだろう。うえの図の三角形 FCE をちょっと見ただけで、これが BCG と AEG に相似であることはすぐわかる（また容易に証明できる）。ゆえに、

$$|EF|/|FC|=|GB|/|BC|=|GA|/|AE|$$

である。また、私たちの目標を心に留めておいて、この関係を

$$|AB|/|FC|=|GB|/|BC|=|GA|/|AE| \tag{15}$$

に変える。こうして、私たちはすでに、要求される3つの比のうち2つ、$|AB|/|FC|$ と $|GA|/|AE|$ が互いに等しいことを証明した。必要とされる3番目の比、$|FC|/|GA|$ は容易に三角形に変えることができない。しかし(15)の真ん中の比を見よう。この辺の対はなんとなく FC と GA に関係があるように見える。つまり、FC は BC の1部分であり、GA は BG の1部分である。このことは、

$$|AB|/|FC|=|FC|/|GA| \text{ あるいは } |FC|/|GA|=|GA|/|AE|$$

を証明するよりも

$$|FC|/|GA|=|GB|/|BC|$$

を証明するほうがより容易かもしれないことを暗示している。そのうえ、この定式化のほうがより対称的であり、ひとつの等式がかかわっているだけである。

私たちの「より単純である可能性のある」定式化によっても、用いるべき相似三角形がないように見える。この段階で、私たちは問題をさらに操作する必要がある。試みるべき自明なことのひとつは、これらの比を配列し直すことであるが、それには、それらを掛け算に変えることによって

$$|FC|\times|BC|=|AG|\times|BG|$$

を得るか、あるいは、比を交換することによって

$$|FC|/|BG|=|GA|/|BC|$$

を得るという方法がある。これはたいした改善にはなりそうにない。しかし２つの項、. $|FC|\times|BC|$ と $|AG|\times|BG|$ は少し見覚えがあるかもしれない。実際、つぎの結果を思い出すのではないだろうか（高等学校の教科書にたいてい載っているが、そこで使われることはめったにない）：

［定理 4.2］　もし点 P が中心を O とする半径 r の円の外部にあり、

Pから引かれる直線が2点QとRでその円と交わるならば、

$$|PQ|\times|PR|=|PT|^2=|PO|^2-r^2$$

である。ここでTは、Pから円への2つの接線のひとつが円と出合う点である。

［証明］ PQTがPTRに相似であることに注意するならば、$|PQ|/|PT|=|PT|/|PR|$である。またピタゴラスの定理から$|PO|^2=|PT|^2+r^2$であり、これからうえの主張が導かれる。 □

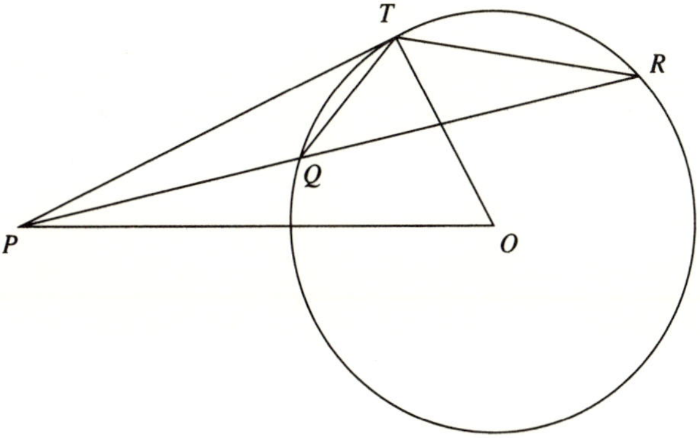

定理4.2を使うためには、まず円をつくり出す必要がある。求めたいものは$|FC|\times|BC|$と$|GA|\times|GB|$の値である。よってこの円は点F、B、Aを含んでいなければならない。ところで、たまたまちょうど点F、B、Aを通る円の中心がDになっている（定理4.1！）。ゆえに定理4.2により、

$$|FC|\times|BC|=|DC|^2-r^2$$

および

$$|AG| \times |BG| = |DG|^2 - r^2$$

である。ここでrはこの円の半径である。私たちには都合よく$|DC| = |DG|$という事実が与えられているので、私たちの結果は証明される。

これは純粋な幾何学問題がどのように解かれるかを示すものである。つまり、外見的には、さきへ進むためのデータがほとんどなく、また証明するものもあいまいなので、問題を処理するには特別なやり方がふつう必要である。漠然と記憶をよびさますものを探さなければならない。たとえば、もしある幾何学問題で$\angle ABC = \angle ADC$を証明しなければならないならば、代わりに$ABDC$が巡回的であること（これは同値である）を証明するとよい（C、DがABの同じ側にあるならば)。あるいは、もし$|AB| > |AC|$を証明しなければならないならば、$\angle ACB > \angle ABC$を同値的に証明してもよい（A、B、Cが共線的でないならば)。あるいは、もしさまざまな三角形の面積についての問題が突然現れれば、等しい底辺と等しい高さをもつ三角形の面積は等しいとか、あるいはもし三角形の底辺が2分されればその面積もまた2分される、といった事実を用いる。このことは、考えうる限りの着想を図にして表すべきだとか、（ゆきづまらない限り）矢継ぎばやに事実を書き留めるべきだということを意味しない。しかし、知識や経験にもとづく推測やいくつかのスケッチが役に立つことがある。ときには、問題解決の方法を提案するために、特殊なまたは極端な例を用いてみることもできる（たとえば、上記の問題に対して、私たちは、$ABEF$が正方形のケースを考えることもできたであろう)。また、与えられたデータ（$|DC| = |DG|$とか、$ABEF$が長方形であること）と

対象（$|FC|\times|BC|=|AG|\times|DG|$ とか、ほかの定式化）をつねに心に留めておくことである。また、ふつうでないデータとか対象に向かってとりあえずは進んでみる（この場合には、奇妙に見える $DC=DG$）。結局、どんな対象を推論するにも必ずデータを必要とするので、個々のデータは何らかの方法でよび出されなければならないのである。

ここで重要な点は、ユークリッド幾何学におけるある特定の結果（この場合には定理4.2）を思い出すことである。十分な幾何学的知識があれば、こうしたことは問題の全体を見てその本質を把握したあとで自然と思い浮かぶものである（こうしたことはまた、ほかの方法がすべて失敗したあとでしか思い浮かばないのがふつうである）。そのような霊感がはたらかないならば、座標幾何学あるいは擬座標幾何学に専念すべきである（たとえば、D から AB と AC へ垂線を下ろし、ピタゴラスの定理を用いて $|DC|$ と $|DG|$ を表す――基本的に、座標軸のない座標幾何学である）。

問題 4.4　3つの平行線が与えられている。それぞれの平行線上に正3角形の各頂点があるように、（定規とコンパスを使って）正3角形を作図せよ。

一見したところでは、この問題は単純で素直に見える（よい問題はたいていそうである）。しかし図を描こうとするやいなや（やってみよう、まず平行線を引いてからであるが）、ひとつの三角形を正三角形の要請にぴったり合わせるのは至難の業であることがわかる。とにかく正三角形は厳格すぎる。円や60°の角などで実験したあと、何か特別なものが必要なことがわかる。それにもかかわらず、精いっぱいうまく図を描いてみよう。そして全部に名前をつけよう：

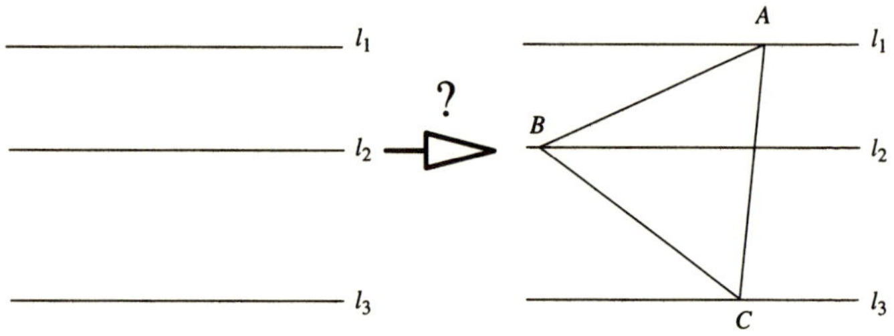

明らかな方法のひとつは座標幾何学を用いることである。まあ、これは可能ではあるが厄介である。点の位置を求めるために最後には2次方程式の根の公式を使うようになるため、最良の（つまり最も幾何学的な）方法とは言えない。例によって、それは最後の手段としておこう。

ところで、作図問題を解くための標準的な方法は、未知のもの（点、線、三角形あるいは何かほかのもの）をひとつとって、位置とかほかの容易に作図できる性質を決定することである。

しかしそれをするまえに、うえの図をじっと見てみて、何かできることを試してみよう。すぐわかることは、正三角形は平行線に沿ってすべらせても必要条件をすべて満たすことができるということである。ゆえに、この三角形をABCとすれば、Aの位置は、それが線l_1上にある限りは、確かに任意である。もちろん、BとCはAの位置がどこであるかに左右される。したがって、基本的にAはどこにおいてもよく、何かを見逃すという心配もない。私たちはBとCについて心配すればいい。いまや、少し考えれば、線l_1の存在はもはや関係がないということがわかる。線l_1はAを束縛するために必要なだけであるが、いったんAをl_1上の任意の点としてしまえば、もはや私たちはl_1を必要としないのである。

さて、A上にアンカーを下ろすと（Aの位置を決めてしまうと）、この三角形はさらに少し限定される。たぶんこの限定によってBと

Cは限られた数の位置に押し込まれることになるが、私たちはまだわからない。

この正三角形にはいまや自由度が2つしかない：その向きと大きさである。しかしこの三角形は2つのアンカーをもつ。1点Bはl_2上になければならず、もう1点Cはl_3上になければならない。これは理論的にこの三角形を限定するのに十分なはずであるが、三角形ほどの複雑な対象になると、つぎにどちらにゆくべきかを知るのは難しい。しかし私たちにできることは、未知のものを、より容易に評価される別の未知のものに変えることである。現在のところこの未知のものとは当の正三角形である。もっと単純なものについては何があるか？　最も単純な幾何学的対象は点である。そこで、たとえば、三角形全体の代わりに、Bを求めることができるだろう。Bは、l_2上にあるように限定されているので、ただひとつの自由度しかもたない。Bにおかれるアンカーとは何か？　そのアンカーは、底辺ABをもつ正三角形がその第3の頂点（すなわちC）をl_3上にもつという事実である。このアンカーは複雑であり、なおこの正三角形とからみあっている。AとBを用いてCを表すためのより容易な方法はあるか？　イエス：Cは、Aを軸にしてBを60°（時計回りでも反時計回りでもいい）回転したあとのBの像（イメージ）である。ゆえに、問題はつぎのように帰着される：

点Aと、Aを通らない2つの平行線l_2、l_3が与えられている。Aを軸にしてBを60°回転したあとl_3上にくるようなl_2上の点Bを求めよ。

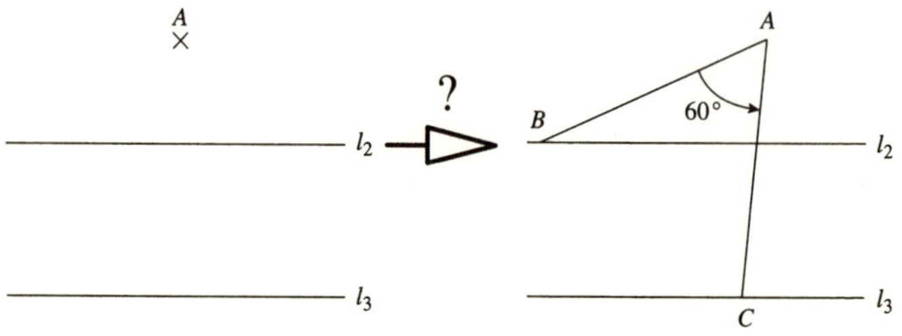

私たちはいまやただひとつの未知のもの——点 B ——をもつだけである。ゆえに、自由度はより少ないし、問題はより単純なはずである。私たちは B がつぎの2つの性質に従ってくれることを願っている：

(a) B は l_2 上にあり、

(b) B は A を軸にして 60° 回転したあと、l_3 上にある。

条件 (b) は使用可能な形にないので、それを逆にして

(b′) B は、A を軸にして l_3 を 60° 逆回転したあとの l_3 上にある、

とする。すなわち、B は、A のまわりに l_3 を 60° 逆回転したものである $l_{3'}$ 上にある（時計回りか反時計回りかのどちらか）。そこで上記の性質は

(a) B は l_2 上にあり、

(b′) B は $l_{3'}$ 上にある、

となる。あるいは言い換えると、B は l_2 と $l_{3'}$ の交点である。というわけである！　私たちは B を明確に作図したので、これから正三角形は容易に出てくる。

完全を期して、作図の全体を以下に示そう：

> 任意の点 A を直線 l_1 上に選ぶ。A のまわりに直線 l_3 を 60° 回転し（時計回りでも反時計回りでもよく、各与えられた A に対して 2 つの B の解がある）、回転したその直線と l_2 との交点を B とする。B を逆向きに 60° 回転して C を求める。

この作図法はまた、もしこれらの直線が平行でなかったとしても、それらが互いに 60° 角にさえなければ、うまくいくということに注意すべきである。したがって、上記の直線の平行性は実は燻製ニシンであったわけだ！

作図問題での考え方は、ちょうど代数におけるように、（この場合には B）「（の値）を求める」ことである。私たちは「B は・・・である」の形になるまでデータを再定式化し続けた。代数の類推を与えるために、以下のデータが与えられたとして、b と c の値を求めたいと仮定しよう：

- $b+1$ は偶数である
- $bc=48$
- c は 2 の累乗である。

いま、もし 3 つの方程式すべてにおいて b の値を求めたあと、c を消去するならば、

- b は偶数マイナス 1 に等しい（すなわち、b は奇数である）
- b は 48 を 2 の累乗で割った値に等しい（すなわち、b=48、24、12、6、3、1.5、…）

という結果を得る。それから、奇数の集合を、48を2の累乗で割ってできたすべての数の集合と比較することにより、私たちはbが3であることを見出す。いくつかの変数を用いてそれらをひとつずつ消去することによって問題を解くほうがより容易なことがしばしばあり、同じことが幾何の作図問題にもあてはまる。

練習問題4.1　2点P、Qで交わる2つの円をk、lとする。もし直線mが点BとPでkと交わり、また点CとPでlと交わるならば$|PB|=|PC|$であるという性質をもった、Qを含まないでPを通る直線mを作図せよ。下図を見よ。(ヒント：Bを求める。)

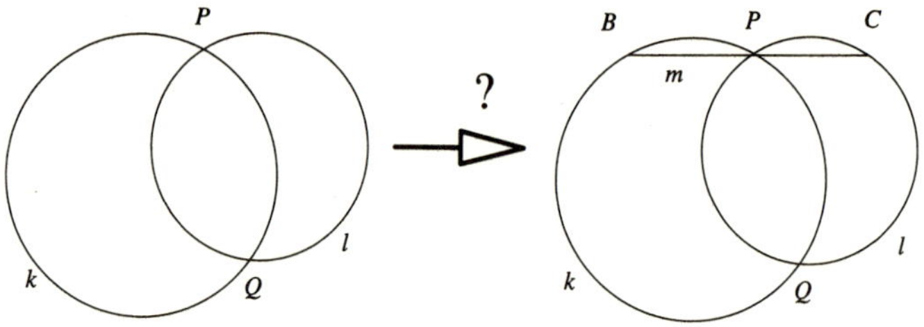

練習問題4.2　ひとつの円と、この円の内部に2つの点A、Bが与えられている。もしできれば、直角三角形の直角をはさむ辺の一方がAを含み、他方の辺がBを含むように、その円に内接するような直角三角形を作図せよ。下図を見よ。(ヒント：直角をなす頂点を求める。)

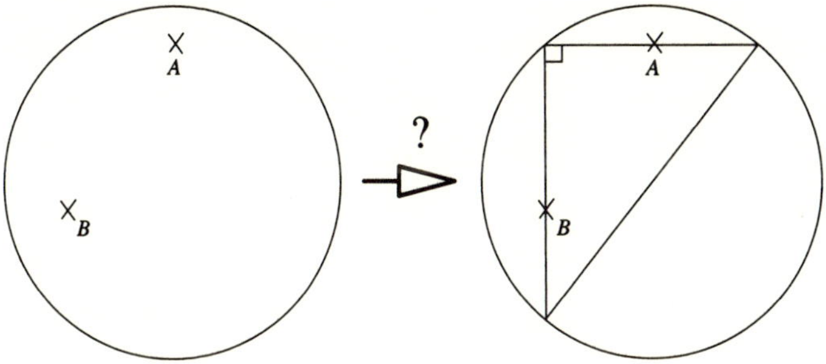

練習問題 4.3（*）　4 つの点 A、B、C、D が与えられている。もしできるなら、各辺がこれら 4 つの点のひとつを含むような正方形を求めよ。下図を見よ。（ヒント：残念ながら、この正方形を求めることは非常に難しい。この正方形のただひとつの頂点を求めることは少しだけよい：この頂点はひとつの固定円に閉じ込めることができるが、まあそんなところである。実を結ぶひとつのアプローチはこの正方形の対角線のひとつを求めることである。ひとつの対角線はいくつかのアンカーを必要とする：向き、位置、端点である。しかしこの対角線は正方形を一意的に決定するであろうが、ただひとつの頂点だけでは容易にそれができない。もしあなたが本当にゆきづまっていれば、大きな図形を描いてみる。それにはまず正方形をひとつ描き、つぎに 4 つの点を入れる。AB、BC、CD、DA を直径とする 4 つの円を描き、2 つの対角線も引く。これらの円を最大限に利用する：角や相似三角形などを計算する。大ヒントを教えよう：対角線と円の交点をじっと見つめること。また別の解法もある。回転、鏡映、平行移動を用い、1 辺をねじって別の辺にほとんど一致させることによって、ある特定の辺を求めるのである。要するに、上記のものによく似たスタイルの解法である。）

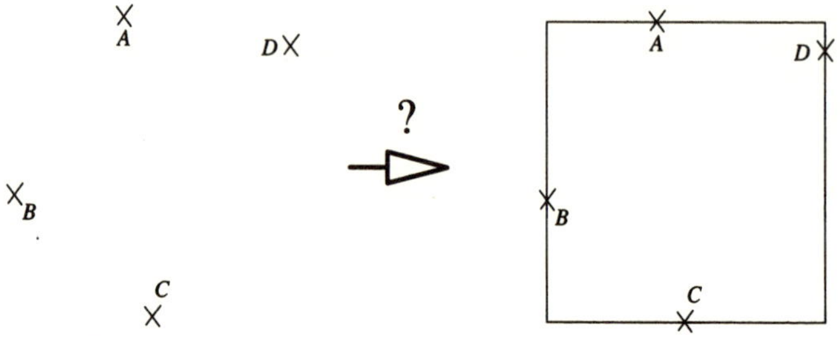

> **問題 4.5**（文献 10、p.10、Q4）　正方形が、下図で示すように、5 つの長方形に分割されている。外側の 4 つの長方形 R_1、R_2、R_3、R_4 はすべて同じ面積を有している。内側の長方形 R_0 は正方形であることを証明せよ。

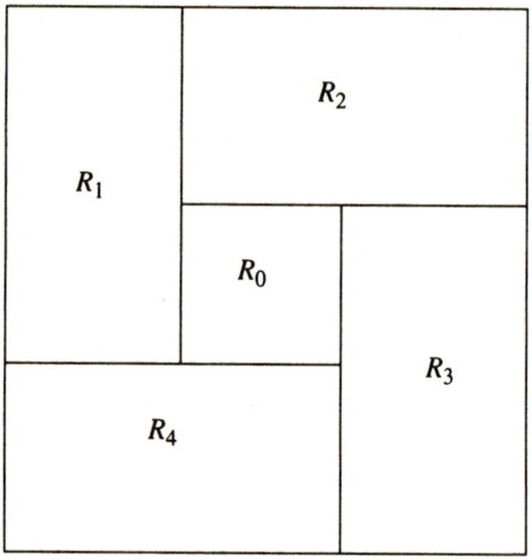

これもまた、こういった「ふつうでない対象」問題のひとつである。外側の 4 つの長方形のすべてが同じ面積をもつということは、内側の正方形が一見して等しいことを強いているようには見えない。最初は、データにあまりにも多くの自由度があると思われるかもしれない。ど

のみち、一定の面積をもつ長方形は細く長くてもいいし、太く短くてもいいからである。どうしてひとつの長方形の形をくずしたり、内側の長方形をゆがめたりすることができないの？　少し試しただけでこれはうまくいかないとわかる。おのおのの長方形はその両隣の長方形によって束縛されているからである。うえの図では、たとえば、長方形 R_1 は長方形 R_2 と R_4 によって身動きがとれなくされている。長方形 R_1 を変えることは、長方形 R_2 と R_4 を変えることにつながり、これがつぎには長方形 R_3 を変えることになる。しかし長方形 R_3 は長方形 R_2 と R_4 の両方の要求を満たすことができない（2つが同じことを要求していない限り）。つぎの図で、長方形 R_3 は長方形 R_2 かまたは長方形 R_4 にぴったり合うことはできるが、両方にぴったり合うことはできない（R_3 はまた R_2 とも R_4 とも同じ面積でなければならない）。そろそろこの問題はどうすれば「うまくいく」かがわかり始めてきたようだ。等面積の要求と、ぴったりはめ込むことが困難なために、これがうまくいく唯一の道は内側の長方形に正方形であってもらうことである。この対称的な「かぎ十字」の形から逃れることは不可能である。下図は失敗の可能性があるものの例である。

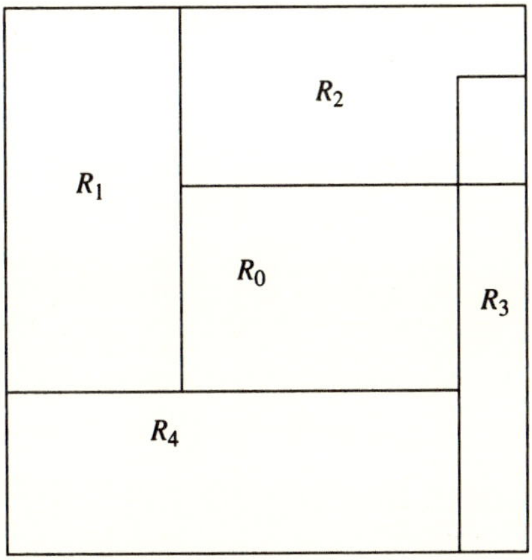

これ以上進むには、表記法が必要である。より具体的に言うと、少数の変数を用いて、幾何学的対象のさまざまなサイズや寸法をすべて表すことが必要である。上述の形を「のたくらせる」議論から、ひとつの長方形、たとえば長方形 R_1 がほかのすべての長方形の位置を決定するのは明らかである。R_1 は R_2 と R_4 を固定位置に押し込み、できたら、今度はこれが R_3 を固定させるであろう。そこで代数的アプローチがある。つまり、大きい正方形が辺の長さを1として、長方形 R_1 の寸法がたとえば $a \times b$ であると仮定し、そしてほかのすべての長方形の寸法、とくに R_0 の寸法を決定するのである。これは大ハンマー（槌）アプローチである。つまり、私たちは長方形 R_3（あるいは、R_1 か、R_2 か、R_4）に関する2つの方程式で終わり、そのあと、a と b のあいだの関係を求めることができる（というのは、R_1 の手当たりしだいの寸法ではうまくいかないのだから。それどころか、私たちは、許される R_1 の唯一の形は真中に正方形をつくり出すものであることを証明しなければならないのである）。つぎの図形がこの状況を要約する。

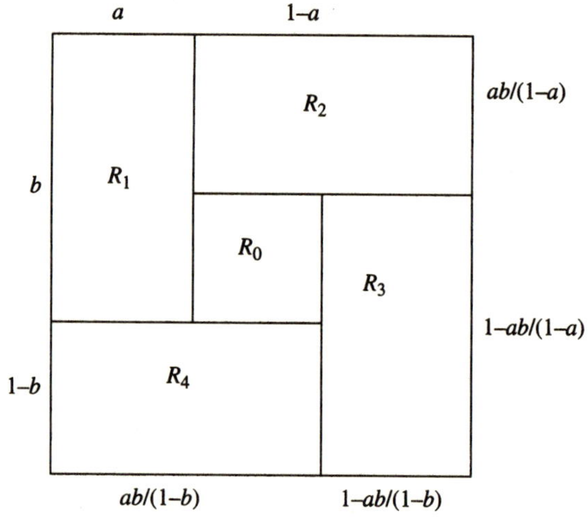

R_3が正しい面積をもつためには、$(1-ab/(1-a))\times(1-ab/(1-b))=ab$でなければならない。そこでこれを用いて$a$、$b$の値を求め、そのあと$R_0$が正方形であることを決定することができる。この方法でもうまくいくが、代数的に少し面倒である。そこで、より単純で、より直観的で、そしてより座標を基礎としないアプローチを試してみよう(それがこのアプローチの真価である)。

私たちは、上記の条件がすべて満たされる唯一の道はR_0が正方形のときであるということを証明したいのである。しかしその証明は少しばかり難しい。たとえば長方形R_1の観点からすべてのことを記述できることを私たちはすでに示した。この意味で、長方形R_1を主たる形状とよぶことができる。つまり、ほかの作図すべてがこの形状に依存するのである。いったんこの基準点をもてば、私たちはひとつの長方形のみに集中してとり組むことができる。それゆえ、ほかの長方形のように容易に「主たる形状」にならない長方形R_0について何ごとかを証明しようとする代わりに、私たちは証明がより容易であるに違いない長方形R_1についての何ごとかを証明することができる。

うえの図は、$a+b$は1に等しくなければならないことを暗示しているように見える。実際、もし$a+b$が1に等しかったならば、R_2は$1-a=b$の水平長をもち、等しい面積によってaの垂直長をもっていたことになり、その結果、長方形R_3は$1-a=b$の垂直長をもっていたことになり、などとなる。すべては上記「かぎ十字」のなかに非常にきちんとはめ込まれるので、R_0は辺の長さ$b-a$をもつ正方形であるということがわかる。こうして私たちは、$a+b=1$を示すという、中間目標を分離したのである。発見的に言えば、この目標がより容易に達成できると私たちが期待するのは、aとbでもってすべてを表すことができるからであるが、一方、長方形R_0でもってすべてを表するのは至難の業である。

要約すると、ここまでに私たちが示したのは、以下の連鎖における

2番目の含意［2つの命題のあいだの⇒で示す関係］である：

R_1、…、R_4 は等しい面積をもつ ⇒ $a+b=1$

⇒ R_0 は正方形である

さてあとは1番目の含意を証明することである。

私たちは座標幾何的アプローチによって、与えられたデータは容易に式に帰着されるが、一方、その式は容易に対象に帰着されないということがわかる。等しい面積はとり組むには非常に上品で単純なもののように見えるかもしれないが、実はこれがかえってこの問題における妨げとなるのである。なぜなら、私たちがもっているのは、各項が加法的方程式で関係づけられた等しい積の束にすぎないからである。しかし私たちはここで逆方向的にとり組むことができる。つまり、私たちは、

$a+b \neq 1$ ⇒ R_1、…、R_4 は等しい面積をもたない

を証明しようと試みることができる、あるいは、

$a+b \neq 1$ かつ R_1、…、R_4 は等しい面積をもつ ⇒ 矛盾

という背理法によって証明を試みることが可能なのである。

背理法では、より多くのデータから始めるが、最終結果は非常に制約がなく、不定である。こうした戦略は私たちの以前の定性的アプローチにぴったり合う。つまり、対称的な解から逃れ出ることは、すべての長方形がバランスを崩すことになるために、できない相談なのである。そこで、背理法による証明にもう少し焦点を合わせてみよう。

それで、$a+b$ が大きすぎる場合を想定しよう。つまり、それは1より大きいが、各長方形はどうにかして同じ面積をもっているとする。つぎに矛盾を証明しなければならない。ところで、私たちがもっているものはどちらかといえば大きな長方形 R_1 である。それが何をするのか？　R_1 は、たとえば長方形 R_2 が小さくならざるをえないようにする。それどころか、R_2 の水平長は $1-a$ であり、b よりも小さい。それゆえ、R_2 は R_1 よりも細い。等面積の制約のために、R_2 は R_1 よりも垂直方向に長くなければならない。そこで R_2 は R_1 よりも引き伸ばされている。しかし今度は長方形 R_3 を見よう。同じ論理によって R_3 は R_2 よりも引き伸ばされていなければならない。そして再び同じ論法を適用すると、長方形 R_4 は R_3 よりもさらに引き伸ばされていなければならない。そして最後にもう一度、長方形 R_1 は R_4 よりも細くて長くなければならない。しかしこれは長方形 R_1 が自分自身よりも長くて細いことを意味する。これは不条理である。こうして私たちは矛盾した命題をもつことになる。同様の状況が $a+b$ が1より小さいときに起こる。各長方形はより太くなり、より短くなるので、R_1 は自分自身よりもぺしゃんこになっていなければならない。これは矛盾である。

この問題は図がいかに千の方程式の価値があるかのよい例である。また、ときどき不等式は等式よりも扱いが容易で効果的であることも心に留めておくとよい。

練習問題4.4　$x^p+y^q=y^r+z^p=z^q+x^r$ を満たす正の実数 x、y、z と正の整数 p、q、r をすべて求めよ。（ヒント：問題自体は幾何ではないが、それでも問題4.5に似ている。）

問題 4.6（文献1、Q1）　正方形 $ABCD$ があり、B を中心として A を通る円を k、その正方形内で AB を直径とする半円を l とする。Bから、l上の点Eを通る線を引き、その延長が円kと交わる点をFとする。$\angle DAF = \angle EAF$であることを証明せよ。

いつものように図形を描くことから始める。

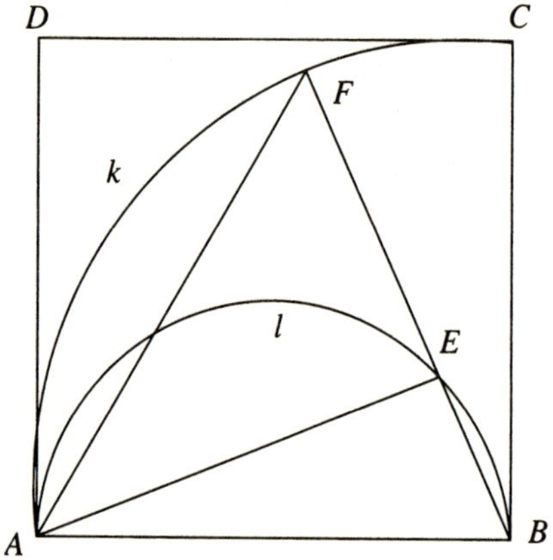

さて今度は、2つの角が等しいことを示さなければならない。辺の長さなどを欠くことから判断すると、完全に角によってこの問題にとり組むことができそうに見える。結局、円は角に対してつねに友好的である。しかし2つの特別な角$\angle DAF$、$\angle EAF$は少しよそよそしく見える。私たちはこれらのぼんやりとした角を「より友好的な」角を用いて表現し、あとでこれら2つの特別な角を互いに関連づけることができるようにする必要があるだろう。

まず手始めに角$\angle DAF$をとろう。この角$\angle DAF$はどの三角形にもつながっておらず、円kにつながっている。弦に対する円周角は、その弦の接線に対する角に等しいという、奇妙な小定理（ユークリッド『原論』Ⅲ、32）をここに用いることができる。たとえば、$\angle DAF =$

$\angle ACF$である。けれども$\angle ACF$はほとんど$\angle DAF$と同じくらい退屈である。しかしそれは円周角のひとつである。このことは、この角が中心角の半分であることを意味する。すなわち、$\angle ACF = \frac{1}{2}\angle ABF$。角$\angle ABF$は、いくつかの三角形と円に結びついた、より「主流の」角であるように見える。ゆえにこれはかなり満足のいく結果である。すなわち、$\angle DAF = \frac{1}{2}\angle ABF$。

ようやく私たちは$\angle EAF$に取り組むことができる。この角は$\angle DAF$よりもさらに面倒である。これはほかの何とも直接につながっていない。しかしこの角は、$\angle DAB$、$\angle EAB$といった他の立派な角とその頂点を共有している。ゆえに、より友好的な角を用いて$\angle EAF$を表すことができる。たとえば、

$$\angle EAF = \angle BAF - \angle BAE$$

あるいはまた

$$\angle EAF = \angle DAB - \angle DAF - \angle BAE$$

と表すことができる。最初の等式はどちらかといえば立派な角$\angle BAE$と少し悪い角$\angle BAF$を私たちにおしつける。しかしながら、2番目の定式化には利点がいくつかある。すなわち、$\angle DAB$は90°であり、$\angle DAF$はすでに解決している。こうして、私たちは

$$\angle EAF = 90° - \frac{1}{2}\angle ABF - \angle BAE$$

を得る。しかし$\angle BAE$と$\angle ABF$は同じ三角形のなかにある。いまや、$\angle DAF$も$\angle EAF$も三角形ABEからの角の観点から書かれているので、明らかにこの三角形に焦点を合わせるべきときである。

ところで、ABE は半円に内接している。このことは、$\angle BEA=90°$ というタレスの定理（定理4.1）を思い出させるはずである。これがいま2つの角 $\angle ABF$ と $\angle BAE$ を結びつける。なぜなら、三角形の3つの角の和は180°だからである。正確に言うと、$\angle ABF+\angle BAE+\angle BEA=180°$ であり、よって $\angle BAE=90°-\angle ABF$。これを上記の $\angle EAF$ に対する式に代入すると、

$$
\begin{aligned}
\angle EAF &= 90° - \tfrac{1}{2}\angle ABF - \angle BAE \\
&= 90° - \tfrac{1}{2}\angle ABF - (90° - \angle ABF) \\
&= \tfrac{1}{2}\angle ABF
\end{aligned}
$$

を得る。しかしこれは私たちが $\angle DAF$ に対する式としてもつ式とまさに同じものである。それゆえに、$\angle EAF=\angle DAF$ は証明された。もちろん、これを自分の証明として提示するときにはきちんとした形に整えたいと思うであろう。おそらく私たちは以下のような長い方程式の鎖を書くことになるだろう：

$$
\begin{aligned}
\angle DAF &= \cdots \\
&= \cdots \\
&= \cdots \\
&= \angle EAF
\end{aligned}
$$

しかし、私たちが解法を探しているときには、そのように形式的である必要はない。$\angle DAF$ と $\angle EAF$ をさきに解決して、それらがあいだのどこかで出合うことを願うというのは、自分が何をしているのかさえわかっておれば、それほど思慮のないやり方ではない。単純化して関連づけることをつねに試みている限り、たぶん解答はまもなくそれなりにうまく収まってくるものである（もちろん、解答があるものと

仮定してのことである——ほとんどの問題はあなたをからかってはいないのである）。

5

解析幾何学

幾何学的精神は、ほかの知識の分科へもっていって移植することができないほど密接に幾何学に縛りつけられているわけではない。道徳、政治、批評などの作品は、あるいは雄弁でさえもが、もしそれが幾何学の手を経て形づくられるならば、ほかの条件が同じなら、いっそうエレガントなものになるだろう。

ベルナール・ル・ボヴィエ・ド・フォントネル

『数学と物理学の効用についての前書き』(1729)

本章は幾何学的な概念と対象を含む問題からなるが、その解法は、数学のほかの領域、つまり、代数、不等式、帰納法などからの考えを必要とする。ときどき非常にうまくいく、すばらしい芸当のひとつは、ベクトル算の法則を用いるために、幾何学問題をベクトルの観点から書きなおすことである。ここにその一例を示す。

問題 5.1（文献 3、p.14）　n 個の頂点をもつ正多角形が半径 1 の円に内接している。この多角形の各頂点を結ぶすべての線分のすべての可能な相異なる長さの集合を L とする。L の各要素の平方の和はどれだけか？

まず第一に、「L の各要素の平方の和」に「X」のような短い名前をつけよう。これは「実行可能」な問題とよんでもいいものである。

これは、「これを証明せよ」または「これは…であるか」問題ではなく、たとえば三角法やピタゴラスの定理などの直接的応用によって見出すことのできるある数の値を求める問題である。たとえば、$n=4$ のとき、この単位円に内接するのは正方形であり、可能な長さは、辺の長さ$\sqrt{2}$と対角線の長さ 2 である。ゆえに $X=(\sqrt{2})^2+2^2=6$ である。同様にして、$n=3$ のとき、ただひとつの長さがあるだけで、それは$\sqrt{3}$であり、この場合は $X=(\sqrt{3})^2=3$ である。$n=5$ の場合は、たくさんの正弦と余弦を知らない限り、それほど簡単ではない。そこでこれを飛ばして、その代わりに $n=6$ を試してみよう。辺の長さは 1、短い対角線は$\sqrt{3}$、長い対角線（直径）は 2 である。よってこの場合は $X=1^2+(\sqrt{3})^2+2^2=8$ である。最後に、退化ケースとも言える $n=2$ がある。この場合には「多角形」はまさに直径であり、$X=2^2=4$ である。こうして私たちはいくつかの特別な場合を計算した。結果を表にすると、

n	X
2?	4?
3	3
4	6
6	8

のようになる。ここで $n=2$ の場合に疑問符をつけたのは、2 辺形についてものを言うのは少しやばいからである。

この小さな表は一般的解答がどんなものかについてあまり多くの手がかりを与えてくれない。まずは図形を描いてみることである。おそらく頂点に名前をつけるのが賢明だろう。n の固定値（$n=5$ とか $n=6$ など）の代わりに、頂点を A、B、C、…とよぶことも可能であるが、一般的な n の場合には、頂点を A_1、A_2、A_3、…、A_n のように

名づけたほうがより便利になるだろう：

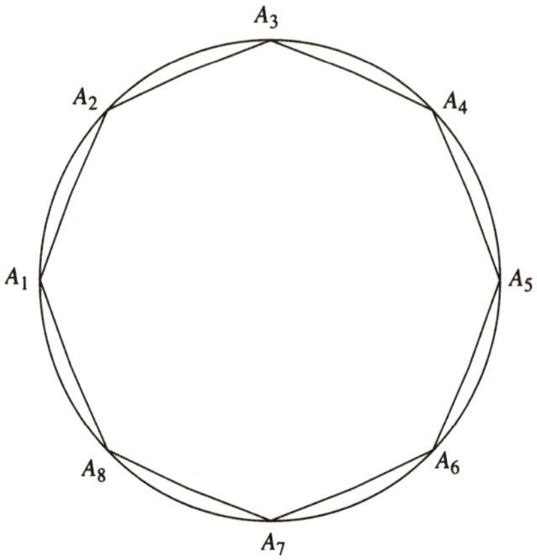

さて私たちは初期の観察と推測をいくつかすることができる：

(a)　n が奇数か偶数かによって、違いが生じる。もし n が偶数ならば、私たちはこの長い対角線（つまり直径）に対処しなければならない。もっとはっきり言えば、n が偶数のときは $n/2$ 個の異なる対角線（辺を含めて）があり、n が奇数のときは $(n-1)/2$ 個の異なる対角線がある。

(b)　答はつねに整数である可能性がある。これは目下のところ強い予想ではない。なぜなら、私たちがいま扱っているのは非常に特殊な正方形、六角形、正三角形であり、これらは平方根タイプの寸法をもつからである。しかしながら、一般解があまり扱いにくくなさそうだというのは少し有望である。

(c)　私たちが合計しようとしているのは長さの平方であって、長さそのものではない。このことはただちに私たちを純粋幾何の領域から追い出して解析幾何に入れてしまう。つまり、このことが示唆するのは、ベクトルとか、座標幾何学、あるいは複素数である（とにかくこれらは本質的にまったく同じアプローチなのである）。座標幾何学は三角和を含む急がば回れの解法を与えるが、ベクトル幾何学と複素数はどちらも見込みがあるように見える（ベクトル幾何学ではドット積（点乗積）を用いることができるし、複素数では複素指数関数を用いることができる）。

(d)　この問題を直接的に処理しようとしてもほとんど不可能である。なぜなら、私たちはすべての対角線の長さの平方を合計しようとしているのではなく、異なる長さの対角線だけを問題にしているからである。しかし私たちはこの問題をすぐにより単純化可能な形に言い換えてひとつの方程式にすることができる（方程式は手堅い数学である。図形や概念ほどに霊感を与えるものでないが、操作が最も容易である。一般に、私たちはつねに対象を何らかの方程式として表す。もっとも、例外として考えられるものが組合せ論やグラフ理論にあるが）。しかしながら、多角形の１点から発する対角線に議論を限定すれば、これらの対角線は、私たちが必要としている長さをすべて含むであろう。

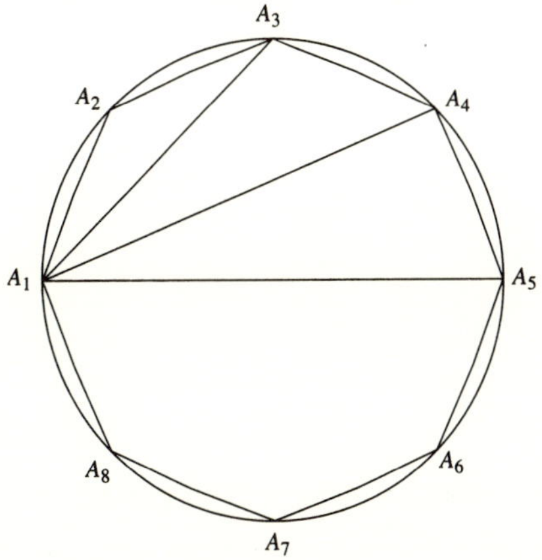

たとえば、この図形（偶数のnをもつ）においては、4つの相異なる長さの対角線（辺を含む）がある。もしいま議論を上部の半円に限定すれば、おのおのの長さの対角線は正確に1回出合う。4つの長さ、$|A_1A_2|$、$|A_1A_3|$、$|A_1A_4|$、$|A_1A_5|$は、私たちが必要とする長さをすべて含む。言い換えれば、答は、$|A_1A_2|^2+|A_1A_3|^2+|A_1A_4|^2+|A_1A_5|^2$という式として与えることができる。より一般的に言うと、私たちは$|A_1A_2|^2+\cdots+|A_1A_m|^2$を計算しようとしているのである。ここで、$m=n/2+1$（$n$が偶数のとき）または$m=(n+1)/2$（$n$が奇数のとき）。したがって、私たちはより明白な形にしてこの問題を述べることができる：

> n個の頂点A_1、A_2、A_3、…、A_nをもつ正多角形が半径1の円に内接しているとする。nが偶数のとき$m=(n/2)+1$、nが奇数のとき$m=(n+1)/2$として、量$X=|A_1A_2|^2+\cdots+|A_1A_m|^2$の値を計算せよ。

和$|A_1A_2|^2+\cdots+|A_1A_m|^2$がより自然な$A_n$でなくて$A_m$で停止することは少し都合が悪い。しかし（問題2.6と同様に）これを「二つ折りにする」ことができる。対称性から$|A_1A_i|=|A_1A_{n+2-i}|$となり、ゆえに

$$X=\frac{1}{2}(|A_1A_2|^2+|A_1A_3|^2+\cdots+|A_1A_m|^2+|A_1A_n|^2+|A_1A_{n-1}|^2$$
$$+\cdots+|A_1A_{n+2-m}|^2)$$

と書ける。ここで留意すべき点は、nが偶数のとき、対角線$|A_1A_{n/2+1}|^2=4$が2回数えられているということである。これを整頓して、対称性のために量$|A_1A_1|^2$を加えることができる（それはゼロ

であるから)。こうして、n が奇数のとき

$$X=\frac{1}{2}(|A_1A_1|^2+|A_1A_2|^2+\cdots+|A_1A_n|^2) \tag{16}$$

が得られ、また n が偶数のときは

$$X=\frac{1}{2}(|A_1A_1|^2+|A_1A_2|^2+\cdots+|A_1A_n|^2)+2 \tag{17}$$

が得られる(最後の2は、余分な対角線の項 $|A_1A_{n/2+1}|^2=4$ に 1/2 を乗じて出てくる)。さてここで、

$$Y=|A_1A_1|^2+|A_1A_2|^2+\cdots+|A_1A_n|^2 \tag{18}$$

という量を導入し、X の代わりに Y を計算しようとすることは自然である。このようなことをする利点はつぎのようである:

- いったん Y がわかると、方程式(16)と(17)からただちに X の値が得られる。
- Y は X よりもすっきりした形であり、よって、うまくいけば、計算するのもより容易であろう。
- Y を計算するとき、n が偶数か奇数かのケースに分ける必要がなく、手間が省けるかもしれない。

さきに示した小さいケース(n=3、4、6)の表にもどって、これらのケースにおける Y を計算することができる((16)と(17)を使って)。結果は

n	X	Y
2?	4?	4?
3	3	6
4	6	8
6	8	12

のようになる。

この表からいまや私たちは $Y=2n$ であることを予想できる。(16) と (17) から、このことは、n が奇数のときは $X=n$ で、n が偶数のときは $X=n+2$ であることを意味するに違いない。これがおそらく正しい答になりそうであるが、それでもやはりこれを証明しなければならない。

ところで、ベクトル幾何学は (18) のような式を操作するための有益な手段をいくつか提供するので、いまやそれを使うときである。ベクトル v の長さの平方は、単に v とそれ自身との積、つまりドット積 $v \cdot v$ であるから、Y を

$$Y=(A_1-A_1)\cdot(A_1-A_1)+(A_1-A_2)\cdot(A_1-A_2)+\cdots+(A_1-A_n)\cdot(A_1-A_n)$$

と書くことができる。ここでいま私たちは A_1、…、A_n を点ではなくベクトルと考えているのである。座標系の原点はどこでも好きなところに選ぶことができるが、最も論理的な選択は円の中心に原点をおくことであろう（次善の選択は A_1 を原点にすることであろう）。原点を円の中心におくことによる直接の利益は、ベクトル A_1、…、A_n がすべて1の長さをもつことであり、したがって $A_1 \cdot A_1=A_2 \cdot A_2=\cdots=A_n \cdot A_n=1$ となることである。具体的には、私たちはベクトル算術を用いて

$$(A_1-A_i)\cdot(A_1-A_i)=A_1\cdot A_1-2A_1\cdot A_i+A_i\cdot A_i=2-2A_1\cdot A_i$$

を得ることができる。そこで、Yを展開して

$$Y=(2-2A_1\cdot A_1)+(2-2A_1\cdot A_2)+\cdots+(2-2A_1\cdot A_n)$$

とすることができる。項を集めて単純化すると、

$$Y=2n-2A_1\cdot(A_1+A_2+\cdots+A_n)$$

が得られる。ところで私たちはすでに $Y=2n$ と推測していた。いまや私たちは、もしベクトル和 $A_1+A_2+\cdots+A_n$ がゼロであることを示すことができるならば、この推測を実現することができるのである。しかしこれは対称性から明らかなことである（各ベクトルは等しい強さですべての方向に「引っぱる」ので、正味の結果はゼロでなければならない。あるいは、正多角形の重心はその中心に等しいと言ってもよい。つねに、対称性を利用する道を探そう）。したがって $Y=2n$ である。ゆえに、いかにも、n が奇数のときは $X=n$ になり、n が偶数のときは $X=n+2$ になる。

$A_1+A_2+\cdots+A_n=0$ という煙に巻く対称性の論拠に満足しない人もいるかもしれない。三角法か複素数を用いればもっと具体的に証明することもできるだろうが、より満足できるようなより明確な対称性の論拠を以下に示すことにしよう。$v=A_1+A_2+\cdots+A_n$ と書き、いま原点を中心にしてすべてを $360°/n$ だけ回転させるとする。これはすべての頂点 A_1、A_2、A_3、…、A_n をひとつずつ動かすことであるが、これによって和 $v=A_1+A_2+\cdots+A_n$ は変わらない。言い換えれば、原点のまわりに $360°/n$ だけ v を回転させると、再び v にもどる。これがこのようになるための唯一の道は $v=0$ であることであり、ゆえに $A_1+A_2+\cdots+A_n=0$ である。

うえの論拠はより物理的に解釈することができる。実際、平方の和Yは基本的にはAのまわりの慣性モーメントであり、そこでシュタイナーの平行軸の定理を使って回転点を重心に移すことができる。

練習問題 5.1（**）　任意の平面上への単位立方体の投影の面積は、この平面の垂線上へのこの立方体の投影の長さに等しいことを証明せよ。（ヒント：手際のいいベクトル解法があるが、それにはクロス積とそのたぐいをしっかり把握していることが必要である。まず、よい座標系を選び、そのあと見出しうる最も友好的なベクトルを選ぶ。それから対象を書き留め、そしてクロス積（外積）やドット積（内積）や垂直ベクトルの多数のペアを自分に都合のよいように用いてこの対象を操作する。また、多くのベクトルvが単位長さをもっている事実を利用する（$v \cdot v=1$となるように）。最終的には、いったん解決してしまえば、証明を書きなおすことにより、いかにベクトルによる解法が抽象的にすっきりしたものになるかがわかる）

問題 5.2（**）　ひとつの長方形がいくつかのより小さな長方形に分割されている（下図）。小長方形のおのおのは少なくとも1辺が整数の長さをもつ。大長方形の少なくとも1辺は整数の長さであることを証明せよ。

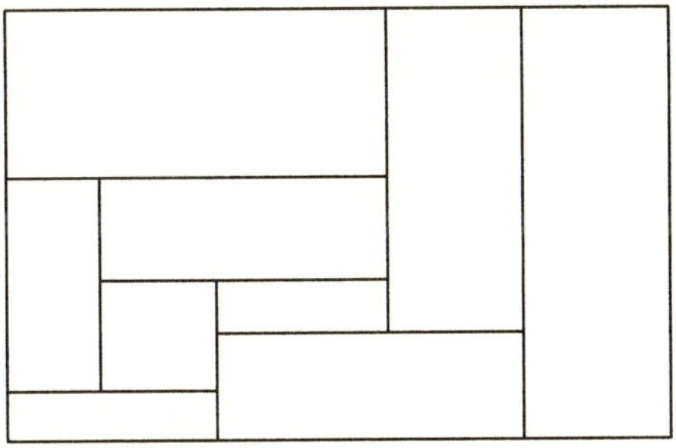

これは楽しそうな問題なので、おそらく楽しい解法があるに違いない。しかしこの結論はちょっと変である。たとえすべての小長方形が整数辺をひとつ（ことによると２つ）もつとしても、なぜ大長方形が整数辺をひとつもたなければならないのか？　もし私たちが相手にしているのが長方形でなくて線分であれば、この問題はやさしいであろう。つまり、大線分は、おのおの整数長さをもつ小線分からなり、したがって、大線分の長さは整数の和であり、これはもちろん整数である。この１次元ケースはすぐさま２次元ケースにいかなる助けも提供しないことは明らかである。ただし、整数の和は整数であるという事実を用いなければならないという手がかりだけは得られる。この事実をすぐさま用いることのできる道は、「整数辺」は整数の長さの辺を意味する、という便利な表記を手に入れることである。

しかしこの問題はまた、おもに「分割」という言葉のために、トポロジーや、組合せ論や、いっそう悪いものの跡が残っている。この問題はまた少し一般的すぎる。この問題をしっかり把握するために、下図のような最も単純な（しかし非自明の）分割を試してみよう：

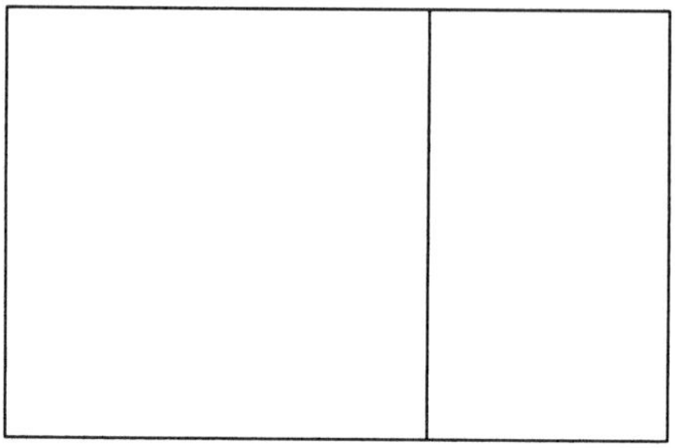

これには２つの小長方形があり、それぞれが少なくともひとつの整数辺をもつとする。しかしそのような辺は水平か垂直であるが、どちらなのか私たちは知らない。左の小長方形が垂直の整数辺をもつと仮定しよう。しかしその垂直辺の長さは大長方形の垂直辺の長さと同じなので、大長方形がひとつの整数辺をもつことを私たちは事実上証明したことになる。ゆえに、左手の長方形はその代わりに水平整数辺をもつと仮定することができる。

しかし私たちは、同様の論法によって、右手の長方形が水平整数辺をもつ、それゆえ、この大長方形はひとつの水平整数辺をもつと主張することができる（なぜなら、この大長方形は水平整数辺をもつ２つの長方形の和であるから）。ゆえに、私たちは２長方形分割という特殊なケースに対してこの問題をすでに証明した。しかしどのようにしてそうなったか？（例というものは実際には一般的問題がどのようにしてそうなるかの洞察を与えるときに役に立つだけである）。うえの証明にざっと目を通すと、２つの大きな要素が観察される：

(a) 私たちは２つのケースに分けなければならない。なぜなら、各小長方形はひとつの垂直整数辺またはひとつの水平整数辺をもつことができるからである。
(b) 大長方形がたとえばひとつの垂直整数辺をもつことを証明でき

る唯一の道は、小長方形の「鎖」がひとつの垂直整数辺をもつことであり、またこれら小長方形がともかくも「合計」で大長方形になることである。以下に一例を示す。ここで陰影のついた長方形はひとつの水平整数辺をもつので、大長方形は同様にひとつの水平整数辺をもたなければならない：

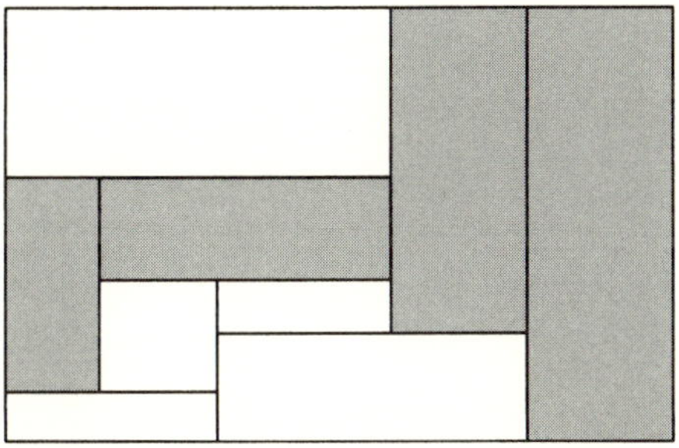

そこで、これらの漠然とした目標を念頭において、この漠然とした戦略をつぎのように定式化することができる：

> ともかくも合計で、大長方形に対するひとつの水平整数辺かまたは垂直整数辺になるような、水平整数辺長方形の鎖かあるいは垂直整数辺長方形の鎖を求めよ。

しかし私たちはそのような鎖をすべての可能な分割に対して見つけなければならない。分割は非常に見苦しいものである。また各長方形には水平整数辺か垂直整数辺かの選択肢がある。なかには両方を選べる長方形があるかもしれない。ところで私たちはどうやってこれらの可能性のすべてに対してうまくいく方法を見つけることができるだろうか？

とにかくこれらの鎖はどのようにそうなるのか？　もしいくつかの

小長方形がひとつの水平整数辺をもつならば、そしてこれら小長方形が、上図でのように、大長方形の一方の端から他方の端まで「つながっている」ならば、この大長方形はひとつの水平整数辺をもつであろう。なぜなら、この大きな辺の長さはそれら小さい辺の長さの和であるから（言い換えれば、いくつかの積木を互いに積み重ねる場合、その構造の全高は各積木の高さの和である）。

これらの鎖を見つけるときの問題の一部は、どの長方形が水平整数辺をもち、どの長方形が垂直整数辺長をもつのかを私たちが知らないことである。これらの可能性を可視化するために、水平整数辺をもつ長方形には青色をぬり、垂直整数辺をもつ長方形には赤色をぬることができるとしよう（水平および垂直整数辺の双方をもつ長方形はおまけでどの色にぬってもよい）。いまや各小長方形は青か赤にぬられている。さてここで私たちは2つの垂直辺をつなぐ青い鎖かあるいは2つの水平辺をつなぐ赤い鎖を見つけなければならない。

直接証明法は得られそうにないので、背理法を試みることにしよう。2つの垂直辺が青い長方形によって連結されていないとしよう。どうしてそれらは連結されえないのか？　青の長方形が足りないからである。つまり、赤い長方形が青の長方形をふさいでいるに違いない。しかし青の長方形が垂直辺に達するのを妨げている唯一の方法は、赤い長方形の固い障壁によるのである。赤い長方形の固い障壁は2つの水平辺とつながっているに違いない。つまり、青い長方形が垂直辺に橋をかけているか、赤い長方形が水平辺に橋をかけているかのどちらかということである。（「ヘックス」というゲームに詳しい人ならここで比較してみるのもよい。）

（ちなみに、うえの最後の段落の本質は非常に直観的な言明であるが、実際にそれを形式的および位相的に証明するには作業がいくらか必要である。手短に言えばこうである。すなわち、すべての青い地域の集合は、連結した部分集合に分けることができる。これらの部分集合はどれも両方の垂直辺にまたがらないと仮定して、残された垂直辺と、その残された垂直辺に触れるすべての青い連結部分集合との和集合を考える。すると、外側でこの集合の境界に触れる細長い一片は赤色にぬられることになり、そしてこの赤い細片が赤い長方形の集合を定義し、これが2つの水平辺にまたがることになる。)

ところで、垂直辺に橋をかける青い長方形の鎖が、大長方形がひとつの水平整数辺をもつことを保証する、ということをチェックする小さな問題がある。あと残った現実的な問題としては、ひとつの鎖のなかの余分な長方形があり、これらは容易に見捨てられる。また、ひとつの角に触れるだけの長方形、これも問題ではない。そして逆方向に向かう鎖、これらも容易に処理される(整数をつけ加えていく代わりにさし引いていくが、総計はつねに整数になる)。

問題 5.3(文献 10、p.8)　平面上に有限個の点の集まりがあり、そのうちの任意の3点は共線でない(同一直線上にない)。いくつかの点は線分によって別の点と結ばれているが、各点にはせいぜい1つの線分がついている。さて、以下の手続きを実行する。2つの交差する線分 AB と CD をとり、そしてそれらをとり除いて AC と BD でおき換える。この手続きを無限におこなうことは可能か?

まず第一に、この手続きによって退化するとかあいまいな状況にならないことをチェックする必要がある。とりわけ、ゼロの長さの線分をつくり出すとか、2つの線分を互いに一致させるようなことをしたくはない。これが、「各点にはせいぜい1つの線分がついている」という条件がある理由である。とにかく確かめるのは容易であるが、それにもかかわらず、実際に確かめるということをしなければならない(油断ならない問題である可能性がある!)。

二三の例を試したあと、この主張はもっともらしく思われる。これら線分はしばらくすると外縁にすべて隠れてしまい、もはや交差しないように見える。それを口で言うのは易しいが、数学ではどう言えばいいか？

私たちは、ともかくもこのシステムの「外縁度」（外縁性）はこの手続きを踏むたびに増大しなければならない、ということを言わなければならない。しかしこのことは無制限には起こりえない。なぜなら、このシステムが達しうる配置は有限個しかないからである。いつかは、この「外縁度」は極大に達し、この手続きは停止するであろう（すなわち、ものごとはそれ以上さきへ進めなくなったときに停止する）。

そこでいま私たちは以下のことをしなければならない：

(a) ひとつの数として表すことのできるような、このシステムの特徴を見つけなければならない。交点の数、線分の数、あるいは注意深く選ばれた得点の合計（ダート盤のような）が考えられる。それは「外縁度」を反映したものでなければならない。すなわち、それが最も高いのは、すべての線分が周縁上にばらまかれているときである。

(b) この特徴は、私たちの手続きが使われるたびに増大しなければならない（あるいは、一定のままである。しかし、これは非常に弱い）。

［たとえば、「スプラウト」というゲームをよく知っている人なら、手を打つ（2つの点を結び、その線上に3番目の点を書き込む）たびに、使える出口（出口とはひとつの点から出る未使用の辺のことであり、各点は3つの出口から出発する）が1つずつ減る（この線によって点が2個使い切られ、新しい点が1個つくり出される）ことがわかる。このことはこのゲームが永久に続かないことを示す。］

さて私たちは(a)と(b)を満たす特徴を見つけなければならない。一意的な解はない。つまり数種類の特徴が(a)と(b)を満たすであろう。しかし私たちにはひとつでよい。最もよい方法は単純なものをただ推測して、それがうまくいくことを願うことである。

最初に本当に単純なものを試してみよう。「点の数」はどうか？　それは変化しないので役に立たない。「線の数」は同じ理由でだめである。「交点の数」は見込みがありそうである。しかし、交点の数は必ずしも適用のたびに減るとは限らない（もっとも、結局は、減るのであるが）。下図において、1つの交点であったものが3つの交点になっているのがわかる：

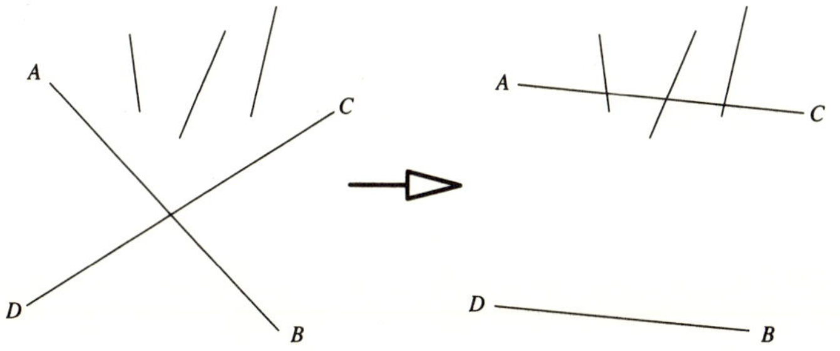

結局、2つの交わる直線を2つの交わらない直線に変えると、何が減るのか？　ともかくもこれらの直線はより離れていっている。この点において、「線分間の距離の和」のようなものを試してみてもよいが、これは容易ではない。しかし同じ気持におれば、そのうちに「線分の長さの和」を偶然見つけることができる。線分はより離れていっているだけでなく、それらはまたより短くもなる（三角不等式——三角形の2辺の和はつねに第3の辺よりも長い——がそれを見事に示している）。このことは、すべての線分の長さの和は操作のたびに縮まなければならず、よって、この操作は循環することも永久に続くこと

もありえないことを意味する（固定されている頂点を結ぶ辺に対しては有限個の可能性しかないので）。それゆえ、この問題は解決されている。

私たちは毎回2つの線分を変えているので、考慮中のどんな特徴も個々の線分の観点からのものであって、交点あるいはほかの性質の観点からのものではない。ところで個々の線分には、実はたった3つの性質、長さ、位置、向きがあるだけである。位置および向きタイプの特徴はきれいな結果を与えることができない。なぜなら、そうした性質は実際に減少することも増大することもできないからである。たとえば、各操作のあとで、全体の向き（それが何であるにせよ）が時計回りに進むということはありそうもない。もしそうであったならば、なぜ時計回りであって反時計回りでないのか？　時計回りと反時計回りのあいだには実質的な区別はないが、一方、より長いとより短いのあいだには明確な区別がある。この点を考慮すると、「全体の長さ」の考えを用いざるをえないと言っていいのである。

問題 5.4（文献 10、p.34、Q2）　正方形の水泳プールの中心に少年が一人いて、プールの一隅に彼の先生（泳げない）がいる。先生は少年が泳ぐより3倍速く走ることができるが、少年は先生よりも速く走ることができる。この少年は先生から逃げることができるか？　（2人とも無限に運動性があると仮定する。）

まず図形を描いて、いくつかの点に名前をつけよう。

そこで少年は O から、先生は4隅のひとつ A からスタートする。長さの単位として、プールの縁の長さを選んでそれを1とする。

さて、この問題を解くために、私たちは最初に答がどのようなものになりそうかを自分で決めなければならない（もし自分が何を探して

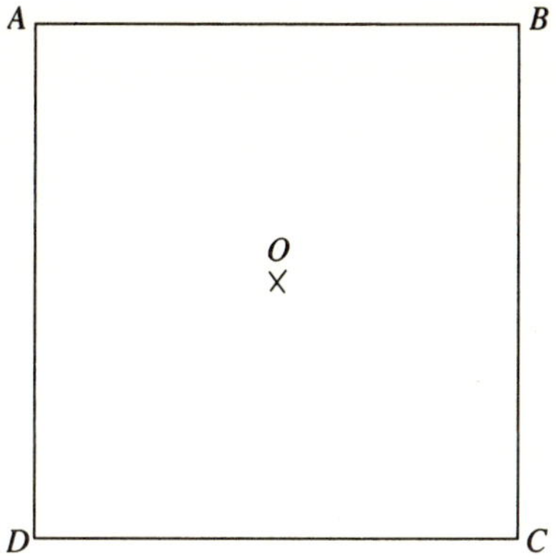

いるのかわかっていなければ、本気で解答を探すことはできない)。状況証拠は少し不確かである。もし少年が逃げることができるなら、少年にとって必勝法がなければならないであろう。さもなければ、先生にとって必勝法があることになり、彼は何があろうと何とかして少年を阻止することができるだろう。後者の可能性は数学的に少し厳しい。つまり、私たちは少年がとりうるあらゆる可能な動きを抑え込む戦略を見つけなければならないし、しかも、少年にはきわめて多くの選択肢があるからである（少年は2次元に動くことができるが、先生は事実上1次元に限定されている)。しかし最初の可能性のほうが、試行錯誤的になりすぎないので、より容易である。つまり、私たちはある戦略を知的に推測し、それから、それがうまくいくことを証明しなければならないのである。確かに、すべての戦略がうまくいかないことを証明するよりも、ひとつの戦略がうまくいくことを証明するほうが容易である。そこで、少年が逃げることができると仮定しよう。これは2つの選択肢のうちのより易しいほうに見える。つねに最初に楽な選択肢に立ち向かおう——あとでたくさんの難しい仕事をやらなくてもいいかもしれない（これは怠惰ではなく実用主義である。やるべきことがうまくなされる限り、容易な道が困難な道よりよいのはも

ちろんである)。

少年は先生より速く走ることができる。このことは、いったんプールから陸にあがって阻止されなければ、少年は逃げきれることを意味する。そこで彼の最初の目標はプールから出ることである。それさえ示してしまえば、少年の走るスピードはもう無関係である。

戦略を推測し始めるまえに、私たちは常識を用いて、悪い戦略を除去し、有望な戦術を分離することにしよう。まず第一に、少年は自分の最大移動速度を用いるべきである。たとえ速度を落とすことによって何かあいまいな利点が得られても、先生は速度を落とすだけでそれに対抗することができる。同じ理屈から、停止してもむだである。先生は少年が再び動き出すまで待つだけでいいのだから(膠着状態は少年の立場からすると勝利ではない)。二番目に、先生はとてもいいなりになる人ではないから、プールの縁にはりついていると仮定してよい(先生がプールの縁から離れる理由はない。それは彼の速度を落とすだけだろう)。三番目に、少年はプールの縁に速く(あるいは、少なくとも先生より速く)到着しようとしているので、おそらく、直線、つまり移動のための最短の(よって最速の)道が答の一部であろう——もっとも、少年の有利になるように突然の方向転換が使われることは考えられるが。最後に、この戦略は全体的にあらかじめ決められたものでなく、先生の行動にある程度依存するものであろう。結局、もし、少年がたとえば隅 B に到着するまでしばらくじたばたするに違いないということが先生にわかっていれば、先生は隅 B へ走っていって少年が着くのを待つだけでいいことになる——もし少年が自分の愚かにもあらかじめ決めた計画に従うならば。

要約すると、少年の最良の戦略は全速力で一気に直線に泳ぐことを含む。またこの戦略は柔軟で、先生の行動の裏をかけるものでなければならない。

これらの一般的指針を念頭において、私たちはいくつかの戦略を試すことができる。明らかに、少年は先生から遠ざからなければならないだろう。つまり、A に向かって直行するのは賢い動きではない。すると直観的反応は A から最も離れた C に向かって直行することである。少年は $\sqrt{2}/2 \approx 0.707$ 単位の長さを泳がなければならないが、先生は $A \to B \to C$ かまたは $A \to D \to C$ を走らなければならない。先生は少年の出口に着くまでに 2 単位の長さを走らなければならない。3 倍速い先生が C に到着するときに、少年は $2/3 \approx 0.667$ 単位の長さしか泳いでいないことになる。ゆえにこのアプローチは先生がさきに着いてしまうのでうまくいかない。

単に逃げるのでなく、もっとこそこそした作戦行動が必要である。結局、プールを離れようとする人はプールの隅でなく縁に向かってゆくものである。たとえば、B と C のあいだの中点 M に向かって進むとしよう。すると少年は $1/2 = 0.5$ 単位の長さを泳ぐだけでいい。しかし先生も同じだけ走る必要はなく、$A \to B \to M$ は 1.5 単位の距離である。先生は 3 倍速いのだから、少年がプールからはい出ているまさにそのとき、かろうじて彼を捕まえるであろう。

先生が少年を逃がしそうになるのは、少年が縁に向かって進むときである。つまり、もし先生がほんの少しでも走るのが遅ければ少年は逃れるであろう。このことはまた以下のことを示唆する：

- 先生のスピードは少年を阻止するのに必要なぎりぎりの最小値である。
- 先生のスピードは少年を逃がさせてしまうぎりぎりの最大値である。

これは事態を少し複雑にする。先生のスピードはきわどいところで均衡を保っているように見える。もし先生がわずかにより遅ければ、少年は縁に向かって進むだけで自動的に逃げるであろう。もし先生がわずかにより速ければ、少年が時計回りに動くとき、先生は時計回りに動いて、少年に忍び寄ることができる、などである。常識は評決に達することができない。つまり、私たちは何らかの計算をしなければならないのである。

もし少年が縁に向かって突進するならば、先生は連続的に走ってぴったり互角の状態を維持しなければならない。言い換えると、少年は、ただひとつの方向に泳ぐぞと脅して先生の動きを強いているわけである。ある程度まで制御できる敵の動きは強力な道具となりうる。私たちはそれを使えるか？

少年がフルスピードでBCの中点Mに向かって泳いでいるとしよう。先生は、Bに向かい、それからMに向かって走る以外にほかのことをする余裕がない。もし先生が方向を変えるとか、何かほかのことをすれば、少年は前進し続けて先生よりさきに縁に達することができる。しかし少年はわざわざ縁まで泳いでいく必要はない——この脅しは先生を走らせるに十分である。要するに、もし少年がフルスピードで泳いである中間点Xに到達するならば、彼はこのような状況を強いることができるということなのである。

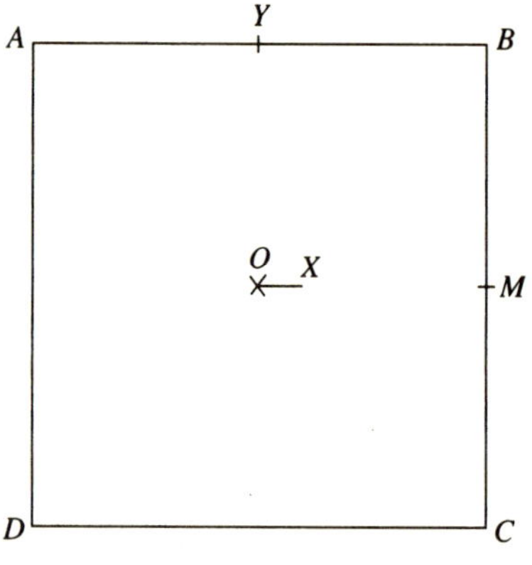

このとき先生は点 Y にいなければならない（Y は $|AY|=3|OX|$ となるような点である)。つまり、先生は、少年が X に着いているときまでに Y を通過しているほど十分に速くないし、また、もし彼が Y にまだ着いていなければ、少年は M までずっと泳ぎ続けて先生から逃れることができる。ゆえに先生は Y へゆかざるをえないのである。

ところで、私たちのいまの状況は、少年が X にいて、先生は Y にいざるをえない。さて実際に M までずっと泳ぎ続ける必要があるのか？ M までいくことができるぞという脅しは、先生をいまいる場所にこさせるには十分であったが、脅しと現実は別物である。いまや先生が AB 縁上で立ち往生しているからには、少年は反対側の CD 縁に向かって突進してはどうか？ CD 縁に着くには半分の長さが必要なだけであり、私たちが少年がこの縁に向かって突進することを考えた最初のときと違って、先生のいる場所が悪い。それどころか、もし X が M から 4 分の 1 の距離かそれ以内のところであれば、先生は少年を捕まえるには離れすぎていることが容易に示される。ゆえに、少年は楽々と逃げるというわけである。

練習問題 5.2 (*)　先生は少年が泳ぐより 6 倍も速く走れると仮定しよう。今度は、少年は逃げることができないことを示せ。（ヒント：O を中心とした辺の長さ 1/6 単位の架空の正方形を描く。いったん少年がこの正方形を離れれば、先生は優位に立つ。）

練習問題 5.3 (**)　プールが正方形の代わりに円形であったと仮定しよう。今度は、少年が逃げることができることは明らかである（先生と反対の点に向かって進むだけである)。しかし、もし先生がより速かったらどうなるか？ もっと正確に言えば、少年を捕まえるのに必要な先生の最低限のスピードはどれだけか？

これは、下界を求めたり（少年の脱出戦略を設計する)、上界を計算したり（先生側の動きの完全な集合が必要である）するためにかなりの独創力（あるいは変分法の知識）を必要とする（正方形プールに対して同じ問題を問うこともできるが、円形プールよりもはるかに扱いにくい問題になる）。

6

そのほかのさまざまな例

数学はときおり一本の木のような巨大な統一体と考えられる。この大木はいくつかの大枝に分岐し、さらにそれら自身が専門分野へと枝分かれしているので、私たちはその最後の末端に達して初めて花と実があるのを見出すようなものである。

しかし数学のすべてを枝が分かれるようにきちんと区分けして分類するのは容易なことではない。各分野のあいだ、各分科のあいだには、つねにあいまいな領域があり、また、どの古典的分野にもその外側に余分な小分科があるものである。

以下の問題は完全にゲーム理論というのでもなく、まったくの組合せ論というのでもなく、またまるっきり線形計画法というのでもない。それらはただちょっとした楽しみなのである。

問題 6.1（文献 10、p.25、Q5）　ある孤島に、灰色のカメレオンが 13 匹と、茶色のカメレオンが 15 匹と、深紅色のカメレオンが 17 匹いる。もし異なる色の 2 匹のカメレオンが出会ったならば、2 匹とも 3 番目の色に変わる（たとえば、茶色と深紅色のペアが出会えば 2 匹とも灰色に変わる）。ただし彼らが色を変えるのは 1 回きりとする。すべてのカメレオンが結局は同じ色になることは可能か？

これは「結局は」という言葉を含んだ少し自由解答式の問題である。このことは、すべての可能なカメレオンの色の組合せの集合に、すべてのカメレオンがただ１色である状態が含まれているかどうかを決定すればいいということを意味する。

発見的方法として、まず、答がノーである可能性を試してみるべきである。もし答がイエスならば、私たちの対象に達するための具体的な手順があるはずである。それは数学的なものというよりむしろ計算的なものに思われる。それで、この問題が数学試合に出たことからして、イエスが正しい答でないことにそれなりの根拠があるのである。そこで、ノーを証明してみることにしよう。

これを証明するために、どのシステムにならこの手順が到達することができて、どのシステムになら到達しえないのかを知るというのはおそらくいい考えであろう。いったん、あるパターンを見つけてしまえば、証明すべき明確な何かがあるであろう。これまでの章で見たように、数学の問題を解くには、結論を含意するが論理的には同値でない何らかの中間結果を推測しなければならないのがふつうである。論理的観点からは、その中間結果は、証明がさらに難しいかもしれない問題をあとに残すということはあるけれども、実用主義的には、それは、私たちのデータにより近い対象を提供するだけでなく、また私たちの努力をより明確な方向に集中させるということにもなるのである。結論を一般化することはまた余分な情報を取り除くきらいがあるという「おまけ」ももたらすのである。

単純な例として、チェス盤上でコーナーに１個のビショップがあるとし（ビショップは斜めに動く）、それが隣のコーナーに絶対に移れないことを示さなければならないとしよう。それを証明する代わりに、より一般的な「ビショップは同じ色のます目にとどまらなければならない」なら証明することができるだろう（チェス盤は市松模様になっている）。論理的には、証明すべきことはもっとあるが、しかし、いまやどのように進むべきかを見るのは非常に容易である（ビショップの各手（動き）はそれを同じ色のます目のままに保つ。ゆえに、手の数はます目の色を絶対に変えない)。

とにかく、まず適切な表記(数と方程式)を用意しよう。どんなときでも、重要な唯一のデータは、灰色のカメレオンの数、茶色のカメレオンの数、そして深紅色のカメレオンの数である(問題の設定により、カメレオンがさらに別の色になることは許されない)。私たちはこの情報を3次元ベクトルを用いて能率的に表すことができる。こうして、カメレオンの初期状態は(13, 15, 17)という座標で表され、そしてこの問題は、私たちが色を変える演算によって(45, 0, 0)か、(0, 45, 0)か、あるいは(0, 0, 45)に到達することができるか否かを問うているのである。色を変える演算は、座標の2つから1を引き、そして3つ目に2を加えることからなる。ここでベクトル定式化というものがあり、実際にこれがこの問題に着手するひとつの方法なのである。

(ここで証明の概略を簡単に示すために、$a=(-1, -1, 2)$、$b=(-1, 2, -1)$、$c=(2, -1, -1)$とする。つぎに、2匹のカメレオンの出会いは、3つのベクトルa、b、cのうちのひとつを、現在の「状態ベクトル」に加えることよって表される。それゆえ、このシステムが到達する可能性がある任意の位置は、$(13, 15, 17)+la+mb+nc$という形の位置ベクトルをもっていなければならない。ここで、l、m、nは整数である。このあとあなたが示す必要があるのは、(45, 0, 0)のような数がこのような形で表すことができないということだけである)。

上記のように、もうひとつのエレガントな方法を試してみよう。つまり、カメレオンの可能な色の組合せをすべて求めるのである。第一に、カメレオンの総数は同じままでなければならない。このことはこの場合にさほど役に立たない(もっとも、総個体数を考慮することが似たような問題でいい考えであることもときにはあるが)。第二に、異なる色の2匹のカメレオンは「合併」して別の色になる。このような合併に焦点を合わせることができる。たとえば、水位の違う2つの水の容器が基部で連結されると、2つの水位は「合併」して中間の水位になる。しかし水の総量は同じままである。それでは、私たちは「色の総量」は変わらないままであると言うことができるか？

明らかに、私たちは、これを望ましい数学にするために「色の総量」を定義しなければならない。一例として、1匹の灰色カメレオンと1匹の深紅色メレオンが「合併」して2匹の茶色カメレオンになる場合を考えよう。もし、たとえば、灰色が0の「色得点」をもち、茶色が1の色得点をもち、深紅色が2の色得点をもつならば、「トータルカラー」はここでは保存されている（1個の0と1個の2が合併して2個の1になる）。しかし、たとえば、深紅色と茶色のカメレオンを合併させようとすると、これは失敗する（1個の2と1個の1が合併しても2個の3にならない）。どんな得点方法も合併の3つの可能性のすべて（2つでさえ）に応じることができないように見える。

この問題は操作の巡回的性質によるものである。しかし完全にあきらめるのはまだ早い！　部分的に成功する（あるいは部分的に失敗する）試みは、真に成功するアプローチの1片であるかもしれないのだ（しかしまた、わずかばかりの成功であまり熱狂するものでもない）。光の3原色、赤、青、緑について考えてみよう。もし赤い光線と緑色の光線を同時に当てるならば、2倍明るい黄色の光線、すなわち、青の反対色の光線が得られる。3原色もまた巡回的である。どうにかしてこの光の色のアナロジーを私たちに都合のいいように利用できないか？

さて、唯一の本質的な違いは、光では赤と緑が結合して青の反対色になるのであり、青になるのではないということである。しかし待った！　私たちはモジュラー算術的アプローチによって青を反青に等しくすることができる。このことを念頭において、私たちのベクトル(mod 2) を見てみることができる。つまり、私たちのベクトルは (1, 1, 1) から出発し、そして私たちは、それが (1, 0, 0)、(0, 1, 0) または (0, 0, 1) へゆくのを阻止しなければならない。残念ながら、これはうまくいかない。しかしすでに精霊は瓶から出てしまっている［もう誰にも止められない］：ほかの法（モジュラス）を試すことができるのだ。(mod 3) がすぐに思い浮かぶ（なにしろ、3つの巡回色があるのだから）。さて、私たちは、うえで述べた2つの戦術のどちらを試しても、この問題を征服することができるのである。

- （ベクトル・アプローチ）私たちの初期ベクトル (13, 15, 17) はいまや (1, 0, 2) (mod 3) であり、そして調べてみると、色の交換が導きうるベクトルは (1, 0, 2)、(0, 1, 2) および (1, 2, 0) の3つだけであり、私たちの3つの対象 (45, 0, 0)、(0, 45, 0)、(0, 0, 45) のどれをも決して導かないことがわかる。後者3つはすべて (0, 0, 0) (mod 3) に等しい。
- （トータルカラー・アプローチ）「色の総量」を計算する私たちの古い方法は、得点をおのおのの数に割り当てることであった。もう私たちは法について知っているのだから、法得点を使ってみよう。ところで、灰色は得点0 (mod 3) をもち、茶色は得点1 (mod 3)、そして深紅色は得点2 (mod 3) をもつ。これはうまくいく：総得点は一定のままでなければならない（なぜなら、3つの合併可能性のどれも総得点を変えないからである——自分でそれを試してみよう）。総得点は最初は $13\times0+15\times1+17\times2=1$ (mod 3) であるが、一方、私たちの3つの対象（45の灰色、45の茶色、あるいは45の深紅色）に対する得点はすべて0 (mod 3) である。

練習問題6.1　6人の演奏家がある音楽祭に集まった。おのおのの演奏会で、何人かの演奏家はその演奏会で演奏したが、そのあいだほかの演奏家は聴衆の一部として聴いた。おのおのの演奏家が聴衆の一部としてほかのすべての演奏家の演奏を聴くために、予定に組み込まなければならない演奏会の最少数はどれだけか？

（ヒント：明らかに、すべての演奏家がひとつの演奏会で自分以外のすべての演奏家の演奏を聴くことはできないので、すべての「聴く可能性」を使い切るには、2つの以上の演奏会が必要である。... このような道筋について考えをめぐらし、また「得点」の考え方について考察すれば、必要な演奏会の数の妥当な下界を得るであろう。そのあとこの下界を満たす例を求める――それで解き終えている。）

練習問題 6.2　3匹のバッタが1直線上にいる。1秒ごとに1匹（かつ1匹に限る）がほかの1匹を跳び越す。1985秒後には、バッタたちは彼らの開始位置にいることができないことを証明せよ。

練習問題 6.3　チェス盤で4個の駒が辺の長さ1の正方形に配置されていると仮定する。さて、あなたは無制限の数の手を指すことが許されるものとする。その場合、おのおのの手において、それらの駒のひとつをとり、そのうえを飛び越えるが、その結果、その駒の新しい位置は、飛び越された駒からの距離がもとの位置からと同じになるようにする（もちろん、反対方向にであるが）。一方が他方を飛び越えられるようにするために、2つの駒がどれだけ離れうるかに関して制限はない。これらの駒を動かして、ついに辺の長さ2の正方形に配置されているようにすることは可能か？（この問題はもし正しいやり方を考えさえすれば、とりわけすばらしい解法がある）。

問題 6.2（*）　アリス、ベティー、キャロルの3人は同じ一連の試験を受けた。各試験に対して、x 点がひとつ、y 点がひとつ、z 点がひとつあった。ここで x、y、z は異なる正の整数である。

すべての試験のあと、総得点はアリスが20点、ベティーは10点、キャロルは9点であった。もしベティーが代数で1番であったならば、誰が幾何で2番であったか？

この問題には情報がきわめて少ない。私たちは最終得点以外のことをほとんど知らないようである。ではどのようにして総得点から部分得点を決めることができるか？　しかし、可能性はある。なぜなら、私たちは自由に使えるほかのデータがあるからである。まず、試験をするたびに（いくつ試験があったのか私たちはまだ知らない）、1人がx点をとり、1人がy点をとり、1人がz点をとっている。これは異常なデータの断片である。これをどのように利用したらいいか？

第一に、これを、私たちの3番目のデータ、つまりベティーが代数で1番であったことに一致させようとすることができる。ところで、そのことは、ベティーが3つの選択肢x、y、zの最高点をとったことを意味する。話をもっとしやすくするために、xが最大で、zが最小、すなわち、$x>y>z$であるとしよう（x、y、zは異なることがわかっている）。私たちは多くを失わずに単純さを得る、つまり、ベティーは代数でx点をとったのだと言える。

しかしほかの試験に対しては、私たちはまださまざまな可能性について多くを知らない。たとえば、幾何で、アリスはz点、ベティーはx点、キャロルはy点をとったかもしれない。あるいは、アリスはx点、ベティーはy点、キャロルはz点をとったかもしれない。これらすべての可能性のなかで何が固定されているのか？　そう、1試験当たりの総得点が同じままである。どのようにx、y、zが配点されようとも、1試験当たりの総得点はつねに$x+y+z$でなければならない。これらの総得点について私たちはほかに何を知っているか？　そう、全試験に対する総得点が$20+10+9=39$であることを知っているのである。そこで、

$$N(x+y+z)=39$$

が得られる。ここで N は試験の数である。いまや私たちは試験の数を含む式を手にした。これについて私たちはまえもってほとんど知らなかった。これは役に立つに違いない。

しかし方程式がひとつだけでは十分とは思われない。しかしながら、N、x、y、z は正の整数であって単に実数ではないことを念頭におかなければならない。また、私たちは4番目のデータをもっている。つまり x、y、z が相異なるということである。これらの武器を用いて上記方程式の可能性を減らしていくことができるだろう。

ところで、N、x、y、z が正の整数であることがわかっているので、うえの方程式は

$$(\text{正の整数})\times(\text{正の整数})=39$$

の形になる。ゆえに N と $x+y+z$ は39の因数でなければならない。しかし39の因数は1、3、13、39のわずか4つである。ゆえに以下の4つの可能性があることになる：

(a) $N=1$ および $x+y+z=39$
(b) $N=3$ および $x+y+z=13$
(c) $N=13$ および $x+y+z=3$
(d) $N=39$ および $x+y+z=1$

しかしこれらの可能性がすべて通用するとは限らない。たとえば、可能性(a)はただひとつの試験があったことを述べている。これは問題のもつ意味に反する。少なくとも2つ（代数と幾何）の試験があった

ことが示されているからである。また(c)と(d)は、試験の数で失格らしいのは別として、もしx、y、zが相異なる正の整数ならば（このことは$x+y+z$が少なくとも6であることを強いる）成り立たない。こうして、除外されていない唯一の可能性は(b)である。ゆえに、3つの試験があったに違いなく、$x+y+z=13$である。

いまや可能性の数はぐっと少なくなった。しかしまだ私たちは重要であるはずの2つのことを知らない。つまり、正確なx、y、zの値を知らないし、各人が各試験で何点とったかを知らないのである。1番目の質問は、x、y、zが合計13になる異なる正の整数であるという事実によって部分的に対処されるが、一方、2番目の質問は、ベティーが代数でx点をとったことを知っているという事実によって部分的に答えられる。どうすればこれらの部分的結果を改良することができるか？

ところで、まだ十分に使用されていないデータのひとつは個人の総得点である。それらの得点を見ると、アリスがベティーとキャロルよりもよい成績をとったことがわかり、彼女がおそらくすべての科目で高い点数（すなわち、複数個のx点とy点）を獲得したことを暗示している。しかしベティーは1科目で1番であったので、アリスは全科目でx点をとることができなかった。せいぜい彼女［アリス］はx点を2つとy点をひとつとることができた。同じように、キャロルはどの試験でも最高点のx点をとったことはありそうにないし、大部分がz点であった可能性のほうがより高い。私たちはこの推量を確かな数学に翻訳することができるか？

答は最初は「たぶん」である。アリスの得点を例にとろう。せいぜい彼女は$2x+y$点を得点できる。もしかしたら、彼女がぴったり$2x+y$点を得点していることが証明できるかもしれない。とにかくアリスはほかの2人より成績がよい。20点は10点とか9点よりもずっと大きいのである。アリスの得点に対するほかの可能性は何か？　そのような可能性は、$2x+z$、$x+2y$、$x+y+z$、$x+2z$、$3y$、$2y+z$、$y+2z$、$3z$ である。この最後のいくつかは総得点が 20 点に達するには低すぎると思われるので、うまくいけばこれらを除くことができるであろう。しかし、これを厳密に証明するには、x、y、z に適当な上界をおくことが必要である。それで、これが私たちのつぎの課題である。つまり、いくつかの可能性を除去できるように、x、y、z を制限することである。

私たちにわかっているのは、x、y、z が整数であり、$x>y>z$ であり、そして $x+y+z=13$ であるということだけである。しかしこれは x、y、z にかなりよい限界をおくのに十分である。たとえば、z にとり組もう。z はあまり高くはなりえない。なぜなら、それでは x も y も同時に高くなってしまい、$x+y+z$ がおそらく 13 よりも高くならざるをえなくなるからである。もっと具体的に言えば、y は少なくとも $z+1$ であり、x は少なくとも $z+2$ であるから、

$$13=x+y+z \geq (z+2)+(z+1)+z=3z+3$$

となる。これから $z \leq 3$ でなければならない。さて、この限界 $z \leq 3$ は、これ以上の情報なしに私たちがもつことのできる最良のものである。というのは、$x=6$、$y=4$、$z=3$ の組合せがあるからである。

つぎは y である。うえと同じようなことをして x を $y+1$ によって制限することができる。しかし z について言えることは、それが 1 という下界をもつことだけである。しかしこれは十分である。つまり、

$$13=x+y+z \geq (y+1)+y+1=2y+2$$

であり、ゆえに $y \leq 5$ である。この場合もやはり、$x=7$、$y=5$、$z=1$ という最高の組合せとなる。最後に、x に限界をおこう。z は 1 以上

で、y は 2 以上なので、$13=x+y+z \geq x+2+1$ であり、ゆえに $x \leq 10$ である。これもまた最高の組合せ、$x=10$、$y=2$、$z=1$ となる。

こうして、私たちは $z \leq 3$、$y \leq 5$、$x \leq 10$ を知るわけである。しかし実はもっとよくすることさえできるのである。ベティーがひとつの x 点とほかの点を 2 つとったことを思い出そう。ベティーは 10 点をとっただけなので、x は 10 点までも高くなることはありえないとわかる。これではベティーがほかの 2 つの試験で 1 点もとらなかったことを意味することになり、それは不可能である（つまり、すべての得点が正の整数である）からである。それどころか、x が 9 点の高さになることもありえない。というのは x が 9 点であれば、ベティーはほかの 2 つの試験に対して 1 点しか出さないことになり、これではひとつの試験が 0 点であることになり、やはり矛盾するからである。要するに、$x \leq 8$ ということになる。ここで私たちはいくつかの重要な除去をおこなうことができる。実際、アリスの得点に対する唯一の可能性は
$2x+y$ であることは容易に理解される。つまり、ほかの得点の可能性がすべて 20 点に達することはありえない。たとえば、$2x+z$ はせいぜい $2 \times 8+3=19$ である。

ところで、アリスは x 点を 2 つと y 点を 1 つとった。ベティーは代数で x 点を 1 つとったので、アリスはここで y 点を 1 つとっていなければならないことになる。これを、ほかの情報といっしょにして表にすると以下のようになる：

試験	アリス	ベティー	キャロル	合計
代数	y	x	?	13
幾何	x	?	?	13
ほかの科目	x	?	?	13
合計	20	10	9	39

いまや私たちは、キャロルが代数で z 点をとっていなければならないことがわかる。これが唯一の残った代数の点数だからである。

私たちは目標に近づきつつある。幾何で y という2番をとったのはベティーかキャロルのどちらかであることを私たちは知っている。しかし私たちはまだ終わってはいない。表のアリスの欄を見ると、もうひとつの情報がある。すなわち、$y+x+x=20$ である。$x>y$ と $x\leq 8$ を思い起こすと、これはたった2つの解を与えるのである。$x=8$、$y=4$ または $x=7$、$y=6$ である。しかし $x+y+z=13$ であるから、$x=7$、$y=6$ ではありえない。それでは $z=0$ になってしまうからである。ゆえに $x=8$、$y=4$ でしかありえず、これから $z=1$ とならざるをえない。これで私たちは、完全に x、y、z の値を求めることにより、大きな突破口を開いたのである。うえの表はつぎのように書き換えることができる：

試験	アリス	ベティー	キャロル	合計
代数	4	8	1	13
幾何	8	?	?	13
そのほか	8	?	?	13
合計	20	10	9	39

さて、いまや、ベティーが幾何とほかの試験でどちらも $z=1$ を得点したとしないわけにはいかなくなったこと、またキャロルがそれらの試験でおのおの $y=4$ を得点したとしないわけにはいかなくなったことを見るのは容易である。ゆえに、答は「キャロルが幾何で2番であった」となる。

問題 6.3（文献 10、p.16、Q.3）　2人が、6×10の長方形をした、60片からなる板チョコでゲームをする。最初のプレイヤーは板チョコを溝に沿って2つに折り、折りとった片一方を捨てる（か食べる）。つぎに2番目のプレイヤーが残りの部分の一部を折りとって捨てる（か食べる）。1個の断片が残されるまでこのゲームは続く。たった1個の断片を他方に残した人（すなわち、最後に手を指す人）が勝者である。完全な必勝法をもつのはどちらのプレイヤーか？

ところで、技能を要する有限のゲームはどんなものであれ、プレイヤーの一方のための必勝戦略（または引分戦略）がなければならないことは容易に示される。このことは、このゲームの最大長に関する帰納法によって示される。チェスでさえもこの制約がある（もっとも、その戦略を見つけた人はまだいないので、大方の人はそれがきわめて複雑なものであると信じてはいるが）。このゲームには引分けがないので、一方のプレイヤーには完全な必勝戦略があるに違いない。しかしどちらのプレイヤーに？

まず、この問題をチョコレートから数学に変えよう。板チョコを折る過程を定式化することから始める。チョコレートを折ったことのある人なら、一枚の板チョコを折ると必ず2つの長方形になり、ジグザグや部分的長方形にならないことを知っている。基本的に、板チョコを折るということは、寸法の（縦と横）のひとつを同じにして、より小さい長方形にすることである。すなわち、もとの板チョコが折られると、等しい幅とより短い長さの板になるか、等しい長さとより狭い幅の板になるかである。たとえば、下図のように、6×10の板は折られて6×7の板になる（6×3の片割れは捨てられるか食べられる）。

ここで、長方形を表すための表記法が必要である。なるべくなら数字で表したい。数を用いて板チョコの長方形を記述するにはどうすればよいか？　自明の候補は、板の長さと幅を述べることである。そうすると、最初の板チョコは6×10の板、つまり、ベクトル表記で(6,

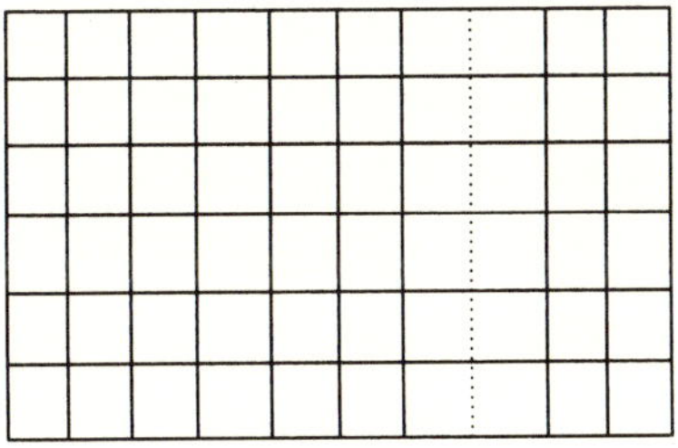

10) と書かれるだろう。チョコの位置は関係ない、サイズだけが重要である。私たちの目的は、相手プレイヤーを (1, 1) に追い込むことである。それでルールは？　幅の一部かまたは長さの一部を切りとることができる（ただ、ゼロとか負の数にはできないが)。たとえば、私たちは、(6, 10) の板から、つぎの位置へ移ることができる：

(6, 1)、(6, 2)、(6, 3)、…、(6, 9)、(1, 10)、(2,10)、…、(4, 10)、(5, 10)

要するに、水平的に左へ移るか、垂直的に下へ移ることができる。下図はこのことを抽象的に説明するもので、もし (6, 10) の位置から出

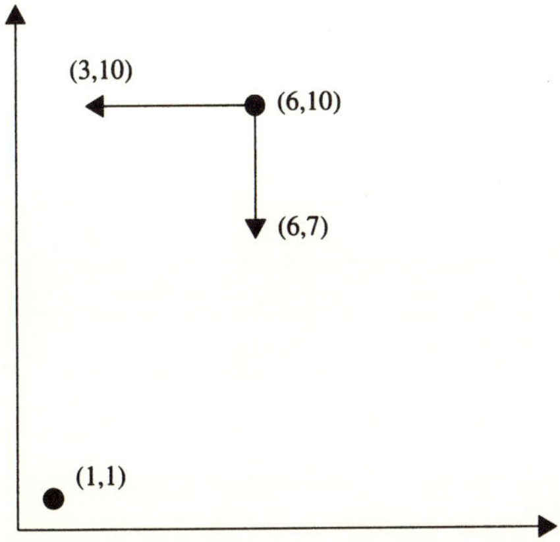

発するならば到達できる可能な状態のうちの2つを例として示している。

いまや私たちは板チョコのすばらしい数学的モデルを手に入れたので、問題を数学的につぎのように言いなおすことができる（ただし、おいしくはない）。

2人のプレイヤーは交代で格子上の1点を整数ステップで左か下へ動かす。この点は(6, 10)から出発し、縦軸と横軸のいずれをも横切ることができない。(1, 1)に達する者が勝者となる。誰が完全な必勝戦略を有するか？

あるいは別の定式化も可能である：

2人のプレイヤーは交代で2つの列からカウンター（チップ、点棒）を取り去る。各プレイヤーは上の列かまたは下の列からカウンターを取り去らねばならないが、両方の列から取り去ってはならない。最初に、上の列に5個のカウンターがあり、下の列に9個のカウンターがある（この状態が点(6, 10)を表す）。最後のカウンターをとる者が勝者である。誰が完全な必勝戦略を有するか？

この定式化は、上の列と下の列の双方から1を引くことにより少し修正されている。これは「ニム」というゲームをよく知っている人に強いヒントを与えるはずで、彼らなら容易にこの問題が解けるであろう。しかしニムや関連したゲーム理論の知識がなくても、私たちはこの問題にとり組むことができる。

いまや私たちは表記法と抽象数学的モデルをもっている。つぎに必要なことはこの問題をよく理解することである。問題は、6×10の板に非常に多くの可能な状態があることである。実験をするなら、ずっと小さな板から始めるべきである。2×3の板から始めることにしよう。

第1プレイヤーは、以下の板のうちひとつを残すことができる：1×3、2×2、2×1。1×3と2×1の板は「愚かな手」である。なぜならば、つぎに第2プレイヤーは最後の1×1を除くすべてをとって勝ってしまうからである。ゆえに第1プレイヤーは2×2の正方形の板を残すべきである。すると今度は第2プレイヤーは1×2か2×1の板を残さざるをえず、それから第1プレイヤーは残った板をただ半分に折るだけで1×1の板を残し、それゆえ勝つ。ゆえに、2×3の板の場合には第1プレイヤーが勝つ。

あまり情報は得られていないので、もうひとつの例として3×3の板に移ろう。今度は第1プレイヤーに4つの選択肢がある：1×3、2×3、3×2、3×1。しかし、対称性はあとの2つを効果的にとり除く(結局、1×3と2×3の2つの選択肢になる)。1×3は愚かな手である、なぜならば、第2プレイヤーが最後の1×1を除くすべてをとって勝ってしまうからである。しかし2×3も同様に悪い、なぜならば、私たちはこの問題を前段の最後の問題に帰着してしまうからである！いまや第2プレイヤーは、第1プレイヤーが前段の最後で使ったであろう戦略を使う：つまり、2×2の板を手に入れ、第1プレイヤーに1×2を折る以外の選択肢を残さず、この1×2を第2プレイヤーが1×1に折って勝つのである。ゆえに第1プレイヤーは3×3の板で負けるのである。

私たちは2×3問題へ目をやることによって3×3問題を解決した。これは一般的問題に対する帰納的アプローチを示唆する。たとえば、3×4問題を解決したいと思い、そして、たとえば、3×1、3×2、1×4、2×4の各問題はすべて第1プレイヤーが勝者であったが、3×3の問題は第1プレイヤーが敗者であったことを、私たちはすでに知っていたとしよう。すると3×4問題における第1プレイヤーの戦略は3

×3正方形を第2プレイヤーに残すことであろう、なぜなら、それは第2プレイヤーにとっての確実な負けだからである。そこで第1プレイヤーのための戦略とは、折らなければならない側にとって確実な負けと決まっている板を第2プレイヤーに押しつけることである。ではなぜこれらの板は確実な負けなのか？　なぜなら、こちらがどのように折ろうとも、それらは相手プレイヤーにとって確実な勝ちとなるからである。また、これらの板が確実な勝ちであるのは、相手プレイヤーが確実な敗者になるようにこちらがそれらを折ることができるためである、などである。したがって、いまや私たちの戦略は確実な勝ちと確実な負けをすべて求めることになる。

1×1はそれを押しつけられた側にとって自明の確実な負けの手である。それは折ることができないからゲームは終わっているのである。$1\times n$ の板はすべて確実な勝ちである（$n>1$）、なぜなら、これを折る側は相手プレイヤーに確実な負けの1×1を押しつけるからである。ところで2×2は確実な負けの手である、なぜなら、折る側は相手プレイヤーにとって確実な勝ちとなる1×2で終わらねばならないからである。いまや、私たちは、$2\times n$（$n>2$ のとき）の板は確実な勝ちであると断言することができる。なぜなら、相手プレイヤーに確実な負けの2×2を背負い込ませることができるからである。等々。私たちは以下のことに留意する：

- もし $a\times b$ が確実な負けであれば、$a\times c$（$c>b$ のとき）は確実な勝ちである。なぜならば、$a\times c$ を折る側は相手プレイヤーに $a\times b$ をおき去るはずだからである。たとえば、私たちはすでに3×3が確実な負けであることを示しているので、3×4、3×5、3×6、…はすべて確実な勝ちである。
- $a\times b$ が確実な負けであるのは、それからの可能なすべての手が相手プレイヤーにとって確実な勝ちであるときのみである。たとえば、1×4、2×4、3×4、そして対称性により、4×3、4×2、4×1は、うえで示したように、すべて確実な勝ちであり、よって4×4は確実な負けでなければならない。

この体系的な方法をつづけていけば、ついには6×10に達する。しかしなぜ私たちはもっと数学的にやれないのか？　確実な勝ちと負けにはあるパターンがあるはずである。では、どういう手が私たちがこれまでに知っている勝ちと負けなのか？　私たちがすでに求めた確実な勝ちというのは、

	1×2	1×3	1×4	1×5	…
2×1		2×3	2×4	2×5	…
3×1	3×2		3×4	3×5	…
4×1	4×2	4×3		4×5	…

であるが、一方、私たちが確認している確実な負けの手は、1×1、2×2、3×3、4×4である。

これは、唯一の確実な負けの手は$n \times n$すなわち正方形の板であり、ほかのすべての手は確実な勝ちである、というかなり説得力のある証拠である。いったんこの予想された戦略をもてば、それを証明する必要すらない（帰納法で証明できるが）。つまり、私たちはそれを適用しさえすればよいからである。私たちは対戦相手に負けの手を押しつけたいと思っていることを思い起こそう。ひとたびどういう手が負けであるかを推測したら、それらを相手につねに強いるようにもっていけばいい。もしそのあいだずっとこの戦略がうまくいくならそれでいいのである。もしうまくいかなければ、この推測を誤ったことになる。要約すると、もしこちらの推測が正しければ、最良の戦略は相手プレイヤーに正方形を与えることである。したがって、このことは、6×

10の板チョコの場合に第1プレイヤーには以下の戦略があることを意味する：

> この板チョコを6×6の正方形が残されるように折る（相手プレイヤーにとって確実な負けの手)。その後は、相手プレイヤーがどうしようと、板の形を正方形に変える。たとえば、もし相手プレイヤーが6×4を残したならば、こちらはそれを4×4の正方形の板にもどす。この過程をくり返し、最後に相手方に1×1の板を与えるまで、つねに相手に正方形の板を押しつける。

この戦略は実際にうまくいく。なぜならば、相手は正方形を折るたびに正方形でないものを得るが、これは再び正方形に容易に変えることができるからである。また、チョコレートのサイズは減少していくから、この正方形変換はやがて1×1にゆきつく。ゆえに、私たちはちょっとした半厳密な数学を用いて役立つ戦略を手に入れたのである。これが私たちの求めていたものである。

とにかく、これがスキルゲーム（技術を要するゲーム）を解くときの標準的アプローチである。つまり、勝ちと負けの配置をすべて決定し、あとはつねに勝ちの配置になるよう手を指すのである。優れたスキルゲームプレイヤーはみなこの方法を使っている（ただ彼らは、勝ちの配置や負けの配置を「有利な配置」や「不利な配置」と不正確に考えているのであるが)。

> 練習問題6.4　2人のプレイヤーが153個のカウンターから始めるゲームをする。交代で各プレイヤーは1個から9個のカウンターをとり除かなければならない。最後のカウンターをとり除く側が勝ちである。最初のプレイヤーと2番目のプレイヤーのどちらが、保証された必勝戦略をもつか、またそれはどのようなもの

か？

練習問題6.5　2人のプレイヤーがn個のカウンターからゲームをする。交代で各プレイヤーは、dの累乗個のカウンターをとり除く。最後のカウンターをとり除く側が勝つ。以下のようなdのケースに対して、最初のプレイヤーと2番目のプレイヤーのそれぞれが必勝戦略をもつときのnの値を決定せよ。

(a)　$d=2$

(b)　$d=3$

(c)　$d=4$

(d)　一般的ケース

練習問題6.6　うえの練習問題6.5を繰り返す。しかし今度の対象は負けること、すなわち、相手プレイヤーに最後のカウンターをとらざるをえなくすることである。（もしたまたま理にかなったやり方で考えているならば、答は容易に出てくる。）

練習問題6.7　問題6.3の3次元版を考える。今度は、$3\times6\times10$の板チョコから出発して、3次元的に折ることができるとする。どちらのプレイヤーが勝つか、また必勝戦略は何か？

練習問題6.8（**）　五目並べ（連珠）では、2人のプレイヤー（白と黒）が交代でそれぞれの色の石を19×19の盤上においてゆく。相手よりさきに5個の石を1列（縦、横、斜め）に並べたほうが勝ちである。もし5個1列がなく盤上のすべてのマスがふさがれば、ゲームは引分けである。少なくとも引分けを保証する戦略が最初のプレイヤーにあることを示せ。（ヒント：背理法によって立証しなければならない。もし最初のプレイヤーが少なくとも引分けにもち込めないならば、2番目のプレイヤーが勝利戦略をもつことを示し、つぎに最初のプレイヤーにその戦略を「盗ませる」。)

問題 6.4（文献 9、p.9）　2人の兄弟が羊の群れを売った。おのおのの羊は最初群れにいた羊の数と同じ値のルーブルで売られ、金はつぎのように分割された。まず兄が 10 ルーブルをとり、つぎに弟が 10 ルーブルとり、つぎに兄が 10 ルーブルとり、… というふうにとっていった。分割の終わりに、その順番となった弟は 10 ルーブルより少ない額が残っているのを見た。分割を公平にするために、兄は彼の小型ナイフを弟に与えた。この小型ナイフは整数のルーブルの価値があった。この小型ナイフの価値はいくらであったか？

最初の反応は、この問題には十分な情報がなさそうだというものであろう。第二に、この問題は十分に厳密なものでないように見える。しかしこれを解こうと試みるまえにあきらめるのは間違っている。問題 6.2 へ目をやってみよう。始めるには情報が少なすぎたが、それでも解くことができたのである。

方程式を用いてこの問題を定式化することから始めることにしよう。このために私たちに必要なのはいくつかの変数である。まず第一に、この小型ナイフの値打は究極的に羊の数によって決められることに気づく。羊の数はここで唯一の独立変数である（すなわち、羊の数を知ることがすべてを決める）。羊は s 匹いたとしよう。羊はすべて s ルーブルで売られたから、棚ぼた利益の合計は s^2 ルーブルである。

ところで、この分割方式がどのようになっているか見る必要がある。ルーブルの数は 64 であったと仮定しよう。すると兄は 10 ルーブルとり、つぎに弟が 10 ルーブルとり、というふうになる。最後の 4 ルーブルは兄にいって弟にはいかないので、問題はこのケースではないとわかる。与えられたデータの一部は、弟が現金を手に入れる最後の人であるという事実を思い起こそう。これを数学的にどのように言うことができるか？

これを数学的に表すには、多くの方程式（状況を記述するには十分だが、混乱と過剰をもち込まない程度の数の方程式）と変数が必要である。弟は最後の金を少なく渡されるまえにすでに10ルーブルを n 回受けとったと仮定しよう。すると兄もまた10ルーブルを n 回受けとったが、これにプラスして、弟が足らない結果になる直前にもう10ルーブル受けとったことになる。ここで弟には a ルーブルしか残っていなかったとしよう（a は1から9までの数である）。そこで、総ルーブル数は、

$$s^2=10n+10+10n+a$$

すなわち、

$$s^2=10(2n+1)+a$$

でなければならない。しかしこれは小型ナイフとどんな関係があるのか？　私たちが解かなければならない従属変数は小型ナイフの価格 p である。私たちは、p と何かほかのもの、できれば独立変数である s とを結びつける方程式が必要である。ところで小型ナイフの交換のまえに、兄は $10n+10$ ルーブルを手に入れ、弟は $10n+a$ を手に入れた。いったん小型ナイフの交換があったあとは、兄の得た利益は $10n+10-p$ で、弟の利益は $10n+a+p$ ということになる。この交換が公平であるためには、これら2つの利益は等しくなければならない。両者を等しいとおくと、p を a に結びつける有用な方程式が得られる：

$$a = 10 - 2p \qquad (1)$$

さて、これをさきの方程式に代入すると、p とほかの2つの変数を結びつける方程式が得られる。そうすると（その途中、a を消去して）

$$s^2 = 20(n+1) - 2p \qquad (2)$$

が得られる。これらの方程式をどうにか使って p の値を求めなければならない。ここには十分な情報があるようには見えない、なぜならば、s、n、a がどれだけかが与えられていないからである。どのようにしてこれらの値を絞り込んでいくか？　根の扱いにくい点は、あまりにも多くの未知の要素があたりを漂っていることである。私たちはそのいくつかをモジュラー算術によってとり除くことができる。たとえば、(2) において、(mod 20) をとって n を除去することができる。こうして、

$$s^2 = -2p \pmod{20}$$

が得られる。これによって私たちは p を引き出すという目標に近づきつつあるが、それでもまだここに厄介な s がある。幸いにも、私たちは、平方数がモジュラー算術において限定された値を選択するという事実を利用することができる。もっと具体的には、(mod 20) において、平方数は 0、1、4、5、9、16 の値をとらなければならない。言い換えると、

$$-2p = 0、1、4、5、9、16 \pmod{20}$$

となる。そこで p の値を求めると（そして $2p$ は偶数でなければなら

ないことを思い起こすと)、

$$p = 0、2、8 \pmod{10}$$

が得られる。というわけで、私たちは p に関するひとつの方程式をもつが、それを正確に突きとめるに至らなかったことになる。これで言えるのは、小型ナイフは0ルーブル、2ルーブル、8ルーブル、10ルーブル、12ルーブル、…の値打ちがあるということだけである。しかしこの小型ナイフはあまり高価ではないだろうから、どのみち、弟は10ルーブルかそれ以下をもらい損ねただけである。このような筋道を思いめぐらすことによって、p は n と s に結びついているだけでなく、a にも結びついており、そして a は1から9までのどれかに限定されていることを思い起こすことができるだろう。(1) をもう一度見てみよう。この式は $0<p<5$ を意味する。これと、p に関するほかの方程式を連結すると、小型ナイフの値打ちは2ルーブルであることが確定するのである。(この議論はたとえ a がゼロであるとしても成り立つことに注意せよ)。

不思議なことに、小型ナイフの価格を決めるための情報が十分ある一方、羊の価格あるいは頭数を決めるための十分な情報がないのである。それどころか、私たちが s について言えることは、$s = \pm 4 \pmod{20}$ ということだけであり、ゆえに、羊の頭数は4、16、24、36、44、56、…ということになる。

以上のように多くのパズル（謎解き）がある場合、あらん限りの情報のすべてが必要になる。最良の方法は、このパズルにおける情報をすべて展開し、各断片を個別的に書き出すことである。以下にその例を示す：

(a)　分割された平方数のルーブルがあった。

(b)　弟は自分の分け前の一部をもらい損ねた。

(c)　そのもらい損ねた分は小型ナイフで埋め合わせられねばならなかった。

それから、これらの事実を可及的速やかに方程式に変えなければならない：

(a)　$s^2=10(2n+1)+a$

(b)　$0<a<10$

(c)　$a=10-2p$

どんなに役に立たないように見えようとも、情報の断片はすべて捕まえようと試みるべきである。たとえば、私が記録することができたのは、n はおそらく負ではないこと、あるいは p はおそらく正でなければならないこと（なぜ無価値な小型ナイフというものを問題のなかで述べなければならないのか）、羊の頭数は正の整数であること、などである。いったんすべてのことを方程式のなかに封じ込めてしまえば、あとはものごとを正しく操作するのがずっと容易になるものである。

参考文献

本は、友だち同様に、少なくし、かつ精選されるべし。
サミュエル・パターソン『ジョイネリアナ』(1772)

1. AMOC (Australian Mathematical Olympiad Committee) *Correspondence Programme (1986-1987), Set 1 questions.*
2. Australian Mathematics Competition (1984), *Mathematical Olympiads: The 1984 Australian Scene*, Canberra College of Advanced Education, Belconnen, ACT.
3. Australian Mathematics Competition (1987), *Mathematical Olympiads: The 1987 Australian Scene*, Canberra College of Advanced Education, Belconnen, ACT.
4. Borchardt, W.G. (1961), *A Sound Course in Mechanics*, Rivingston, London.
5. Greitzer, S.L. (1978), *International Mathematical Olympiads 1959-1977* (New Mathematical Library 27), Mathematical Association of America, Washington, DC.
6. Hajos, G., Neukomm, G., and Suranyi, J. (eds) (1963), *Hungarian Problem Book I, based on the Eotvos Competitions 1894-1905*, (New Mathematical Library 11), orig. comp. J. Kurschak, tr. E. Rapaport, Mathematical Association of America, Washington, DC.
7. Hardy, G.A. (1975), *A course of Pure Mathematics*, 10th eds., Cambridge University Press, Cambridge.
8. Polya, G. (1957), *How to solve it*, 2nd ed, Princeton University,

Princeton.

9. Shklarsky, D.O., Chentzov, N.N., and Yaglom, I.M. (1962), *The USSR Olympiad Problem Book: Selected Problems and Theorems of Elementary Mathematics*, revd. and ed. I. Sussmar, tr. J. Maykovich, W.H. Freeman and Company, San Francisco, CA.
10. Taylor, P.J. (1989), *International Mathematics: Tournament of the Towns, Questions, and Solutions, Tournaments 6 to 10 (1984 to 1988)*, Australian Mathematics Foundation Ltd, Belconnen, ACT.
11. Thomas, G.B. and Finney, R.L. (1988), *Calculus and Analytic Geometry*, Addison-Wesley, Reading, MA.

訳者あとがき

本訳書の原題は、*Solving Mathematical Problems: A Personal Perspective*「数学の問題の解き方―個人的な考え」(Oxford University Press、2006) である。著者のテレンス・タオ (Terence Tao) は、オーストラリア生まれの中国系数学者で、1975年生まれ (本訳書印刷時点では34歳)。彼は大変な数学の神童で、1987、1988、1989年の国際数学オリンピックにオーストラリア・チームの一員として参加し、それぞれの年に銅メダル、銀メダル、金メダルを獲得した。とくに、このイベントでの金メダル獲得は史上最年少であったという。

2000年 (24歳) から現在までカリフォルニア大学数学教授の任に就いており、2006年には、微分方程式、組合せ論、調和解析、加法的整数論への貢献でフィールズ賞をも受賞している (この賞は40歳未満の数学者に与えられるが、テレンス・タオは当時31歳だった)。原著 (第2版) のまえがき (2005年) によると、この本の初版は15年まえであったというから、単純に差し引くと、初版は1990年に出版されたことになる。とすると、本書は著者が15歳のときの著書ということになるはずだ。このような天才児がこれから先、どのような本を書いてくれるのか大いに期待したい。

*

原題が示すように、本書の趣旨は、数学の問題をどのように解いたらよいのか、というその「方法」のみに始終一貫している。その方法とは、一見簡単そうに見えてもその実なかなか手強い問題や、とっかかりさえも見あたらないような問題を、きわめて少ないデータから出発して、順々に「データをつくり」ながら、問題を限定的なものへとつくり変えていく、という方法である。

データがより少ないということは対象がより定まっていないということであり、データがより多いということは対象がより限定されているということである。著者は、主として、データを増やして、対象を限定していく過程に焦点を当てている。したがって、正式な解答の答案を書いたり最終的な模範解答を書いたりすることには、ほとんど重点がおかれていない。

とにかく、いろいろと、そのときそのときにどう対応すべきかについて懇切丁寧に述べてくれる点はすばらしい。迷路に陥らないようにするにはどうすればよいかだけでなく、もし迷路に迷い込んだ場合でも、そこから抜け出すときに何らかの利益を得てくることまで教えてくれる。このような神秘性に欠ける説明の仕方は、「砂についた自分の足跡を自分の尻尾で消してゆくキツネのようなことをする」と悪口を言われたというガウスのやり方とは正反対のようだ。

そういうわけであるから、本書で、「私たち」という代名詞がつねに用いられていることにも納得がいく。読者のなかには、「私たち」という言葉の多用に少しうんざりしたか、あるいは、気に障った人さえいたかもしれないが、これは、「問題解決の共同作業」という意味あいを著者が強調した結果なのである。本文中で述べられている「私たち」とは、いわゆる一般的な意味での私たちのことではなく、いま現実の「問題」を見ながら頭をひねっている「私とあなた」のことであり、直観がはたらく著者とそれに案内されながら正しい道を歩む読者、つまり、試行錯誤をおこないながら一歩一歩問題を解いてゆく「私とあなた」であることに注意すべきである。くり返すが、本文中の「私たち」とは、徹頭徹尾、私とあなた（たち）であって、数学者とか数学教師とかいった一般的集団ではないのである。

＊

本書のなかで、問題を解く際の強力な道具としてひんぱんに出てくるのが、モジュラー算術である。モジュラー算術は、わが国では合同式とよばれているものであるが、本訳文では、モジュラー算術という言葉で通した。わが国では、なぜか「モジュラー算術」という言葉の使用は避けられて、「合同式」一点張りのように思われる。原著では、合同式という言葉は一度も用いられていないだけでなく、記号も≡を使わず、＝を使っている。確かに、あとに (mod n) がついている以上は、$a \equiv b \pmod{n}$ とする必要は何もなく、$a = b \pmod{n}$ と書いて何のさしさわりもない。

合同式は整数論において基本的なものと言われているだけでなく、この概念は私たちの日常生活でもふつうに応用されている。しかしながら、野口廣著『数学オリンピック事典』（朝倉書店）によると、「合同式は、日本の中学・高校では習わないが、数学オリンピックでは、常識として仮定されている」ようであるが、その理由についての説明はない。

合同式については、遠山先生の『数学入門』（岩波書店）に非常によいヒントがあるので、かなり長いが問題の箇所をそのまま引用してみよう：

「（合同式の）≡は＝と同じように考えてとりあつかうことができる。合同式の計算は新しく練習する必要はなく、≡があたかも＝であるかのように考えて計算すればよいのである。ここにガウスの発明した合同式という記号の威力がある。…ガウス自身も、合同式の記号についてつぎのように言っている。『この新しい計算法の長所は、しばしば起こってくる要求の本質に応じているので、天才にだけ恵まれているような無意識的な霊感がなくても、この計算法を身につけた人なら誰でも問題が解ける、という点にある。まったく天才でさえ途方にくれるようなこみ入った場合にも機械的に問題が解けるのである。』」

つまり、この機械的に問題が解けるということ、これが、もしかしたら合同式を中学校や高校で教えるわけにはいかない本当の理由なのではないだろうか。もっと論理を重ねた緻密な問題で頭をひねる訓練が必要なときに、「深く考えもせずに」やすやすと問題が解けるような方法を教えてはいけない、ということなのかもしれない。

*

また、等号と不等号を足した記号について、欧米ではふつう ≤ と ≥ を使うが、とくにわが国では≦、≧と書くことになっている。しかし、本訳書ではそのような変更はおこなわず、原著のままに、≤、≥ を使ったことをお断りしておきたい。

また、著者は、図形の要素に文字や番号をつけていく方向（たとえば、時計回りや反時計回りなどについても、ほとんど気にしていないように思われる。彼は、ものごとをかたく考えないプラグマティズムが徹底しているようで、結局これもまた新しい「タオイズム」かもしれない。

*

ところで、「タオイズム」と書いたついでだが、著者であるテレンス・タオのタオという名前から、私はまずタオイズム（道教＝老子を教祖と仰ぐ漢民族の伝統宗教）を連想した。そのうえ、第１章冒頭のエピグラムに老子が出てくるではないか。つまり、この中国系の著者タオ教授は、自分の名前と数学を何らかの形で道教に関連させているのではないか、とふと思ったのだ。しかし、残念ながら私の浅い予想ははずれ、著者タオは陶（táo）であって、道（dào）ではなかった。タオイズム（Taoism）、つまり道教の発音は Dàojiào であり、テレンス・タオの中国名、陶哲軒は Táo Chi-Shen と記述するそうである。

*

最後になったが、本書の紹介と編集の労をとっていただいた青土社の西館一郎氏に、また、かたい表現の原題に代わってやわらかい表題を考え出していただいた編集部に対して厚くお礼を申し上げたい。

2010 年 6 月

寺嶋英志

索引

な 行

は 行

Solving Mathematical Problems
A Personal Perspective
By Terence Tao

数学オリンピックチャンピオンの美しい解き方
2010年8月10日　第1刷発行
2024年3月1日　第7刷発行

著者――テレンス・タオ
訳者――寺嶋英志

発行人――清水一人
発行所――青土社
東京都千代田区神田神保町1-29　市瀬ビル　〒101-0051
電話　03-3291-9831（編集）、03-3294-7829（営業）
振替　00190-7-192955

印刷――ディグ
製本――小泉製本

装幀――戸田ツトム

ISBN978-4-7917-6561-4　　Printed in Japan